东亚季风年鉴

EAST ASIAN MONSOON YEARBOOK

2017

国家气候中心
（东亚季风活动中心） 编

U0911691

气象出版社
China Meteorological Press

内 容 简 介

东亚季风是盛行于东亚地区的冬、夏季风及其环流的统称。东亚季风区的范围覆盖了中国、日本、朝鲜半岛、蒙古、俄罗斯西伯利亚地区、中南半岛、琉球群岛、菲律宾群岛。

《东亚季风年鉴 2017》是中国气象局国家气候中心的核心业务产品之一，全书分为3章。第1章描述了2016/2017年东亚冬季气候及冬季风环流系统的特点；第2章介绍了2017年东亚夏季气候和夏季风环流系统的特征；第3章主要介绍了2017年中国雨季进程的概况。

本年鉴可供从事气象、农业、水文和地质等多个行业的业务、科研和教学人员使用及参考。

图书在版编目(CIP)数据

东亚季风年鉴. 2017 / 国家气候中心编. — 北京 ：气象出版社，2021.9

ISBN 978-7-5029-6901-1

Ⅰ.①东… Ⅱ.①国… Ⅲ.①东亚季风-2017-年鉴 Ⅳ.①P425.4-54

中国版本图书馆 CIP 数据核字(2018)第 297225 号

Dongya Jifeng Nianjian **2017**

东亚季风年鉴 2017

出版发行：气象出版社

地　　址：北京市海淀区中关村南大街 46 号　　**邮政编码**：100081

电　　话：010-68407112(总编室)　010-68408042(发行部)

网　　址：http://www.qxcbs.com　　**E-mail**：qxcbs@cma.gov.cn

责任编辑：陈　红　　**终　　审**：吴晓鹏

责任校对：张硕杰　　**责任技编**：赵相宁

封面设计：地大彩印设计中心

印　　刷：北京建宏印刷有限公司

开　　本：889 mm×1194 mm　1/16　　**印　　张**：5.5

字　　数：136 千字

版　　次：2021 年 9 月第 1 版　　**印　　次**：2021 年 9 月第 1 次印刷

定　　价：50.00 元

《东亚季风年鉴 2017》
编委会

主　　编:邵　勰　李　多

编写人员（以姓氏笔画为序）：

丁　婷　王东阡　支　蓉　石　柳　孙　冷

李　多　邵　勰　赵俊虎　柳艳菊　袁　媛

指导专家（以姓氏笔画为序）：

丁一汇　李维京　何金海　张庆云　张祖强

张　强　张培群　武炳义　贾小龙　龚志强

前　言

东亚是全球典型的季风气候区之一，东亚各国的社会经济、生态环境、水资源和灾害性天气气候事件等均与季风系统的活动密切相关，东亚季风活动规律及其预测研究一直是气候业务和科学研究领域关注的焦点。在全球变暖背景下，东亚地区洪涝、干旱等灾害性气候事件频繁发生，对国家安全、社会经济、生态环境等带来了严重威胁。提高气象部门季风监测、预测的业务能力，是提高中国气候灾害防御能力，保障国家经济建设与社会和谐进步的重要支撑。

国家气候中心作为国家级气候业务中心，以及世界气象组织（WMO）下属的亚洲区域气候中心和东亚季风活动中心，有责任向亚洲地区提供有关季风活动的业务指导。因此也希望通过组织编写《东亚季风年鉴》，及时揭示东亚季风系统活动的最新事实，为研究东亚季风系统的演变规律、时空分布特征和机理等提供宝贵的基础信息。同时，通过总结分析东亚季风系统活动对气候的影响，为有关部门加强防灾减灾工作提供参考。

在国家气候中心各级领导和各位专家给予的悉心指导和大力支持下，编写组经过共同努力，完成了《东亚季风年鉴 2017》编写工作。各章编写人员如下：

第 1 章东亚冬季风由柳艳菊统稿并编写本章摘要，其中，1.1～1.2 节由孙冷编写，1.3 节由李多编写，1.4 节由袁媛编写，1.5 节由石柳、赵俊虎和邵勰编写，1.6 节由邵勰编写。

第 2 章东亚夏季风由袁媛统稿并编写本章摘要，其中，2.1～2.2 节由丁婷编写，2.3 节由邵勰编写，2.4 节由赵俊虎和王东阡编写，2.5 节由李多和邵勰编写，2.6 节由王东阡编写，2.7 节由邵勰编写。

第 3 章中国雨季由邵勰统稿并编写本章摘要，其中，3.1 节由李多编写，3.2 节由王东阡编写，3.3 节由赵俊虎编写，3.4 节由邵勰编写，3.5 节由支蓉编写，3.6 节由邵勰编写。

另外，本年鉴的编写得到国家气候中心业务维持费的资助。

编者

2018 年 12 月

目　录

第 1 章 东亚冬季风

2016/2017 年冬季，东亚冬季风较常年偏弱。冬季风系统成员中，西伯利亚高压强度偏弱、东亚大槽偏浅、东亚副热带西风急流较常年偏弱偏东；北极涛动以正位相为主。此外，平流层 NAM（北半球环状模）信号阶段性变化明显，没有爆发性增温事件发生。热带大气季节内振荡（MJO）强度在整个冬季表现出明显的阶段性变化。冬季风系统成员中，西伯利亚高压强度偏弱。

在上述环流影响下，冬季，东亚大部地区气温偏高，仅中国西藏的西南部分地区较常年同期偏低。季内，气温阶段性变化特征显著，表现为前冬冷、隆冬和后冬暖。东亚大部地区降水偏少，仅东亚东北部和西南部的部分地区降水偏多。

1.1 冬季气温

1.1.1 东亚气温

2016/2017 年冬季，东亚地区气温总体偏高。东亚大部地区气温较常年同期偏高 1 ℃以上，其中，蒙古国大部和中国内蒙古东北部气温偏高 2～4 ℃；中国西藏的西南部部分地区较常年同期偏低 0.5～1 ℃（图 1.1）。

季内，气温阶段性变化特征显著（图 1.2～图 1.4）。其中，前冬（2016 年 12 月），东亚地区北冷南暖，中国大部地区气温较常年同期偏高 1～4 ℃；隆冬（2017 年 1 月），东亚地区整体偏暖，尤其蒙古国大部气温偏高 4 ℃以上；后冬（2017 年 2 月），东亚大部地区以偏暖为主，大部地区较常年偏高 1～2 ℃。

1.1.2 中国气温

2016/2017 年冬季，全国平均气温为－1.5 ℃，较常年同期（－3.4 ℃）偏高 1.9 ℃，是 1961 年以来第 20 个暖冬（图 1.5）。从空间分布来看，全国各地气温普遍较常年同期偏高 1～2 ℃，其中西北地区中部和东部、华北西部、江南大部、华南北部及新疆中东部、内蒙古中西部、西藏北部和西部等地偏高 2～3 ℃，内蒙古、新疆、西藏的局地偏高 3 ℃以上（图 1.6）。

全国 31 个省（区、市）冬季平均气温均较常年同期偏高 1～2.5 ℃，其中，浙江等 13 个省（区、市）为历史同期最高值，内蒙古等 10 个省（区、市）为次高值。

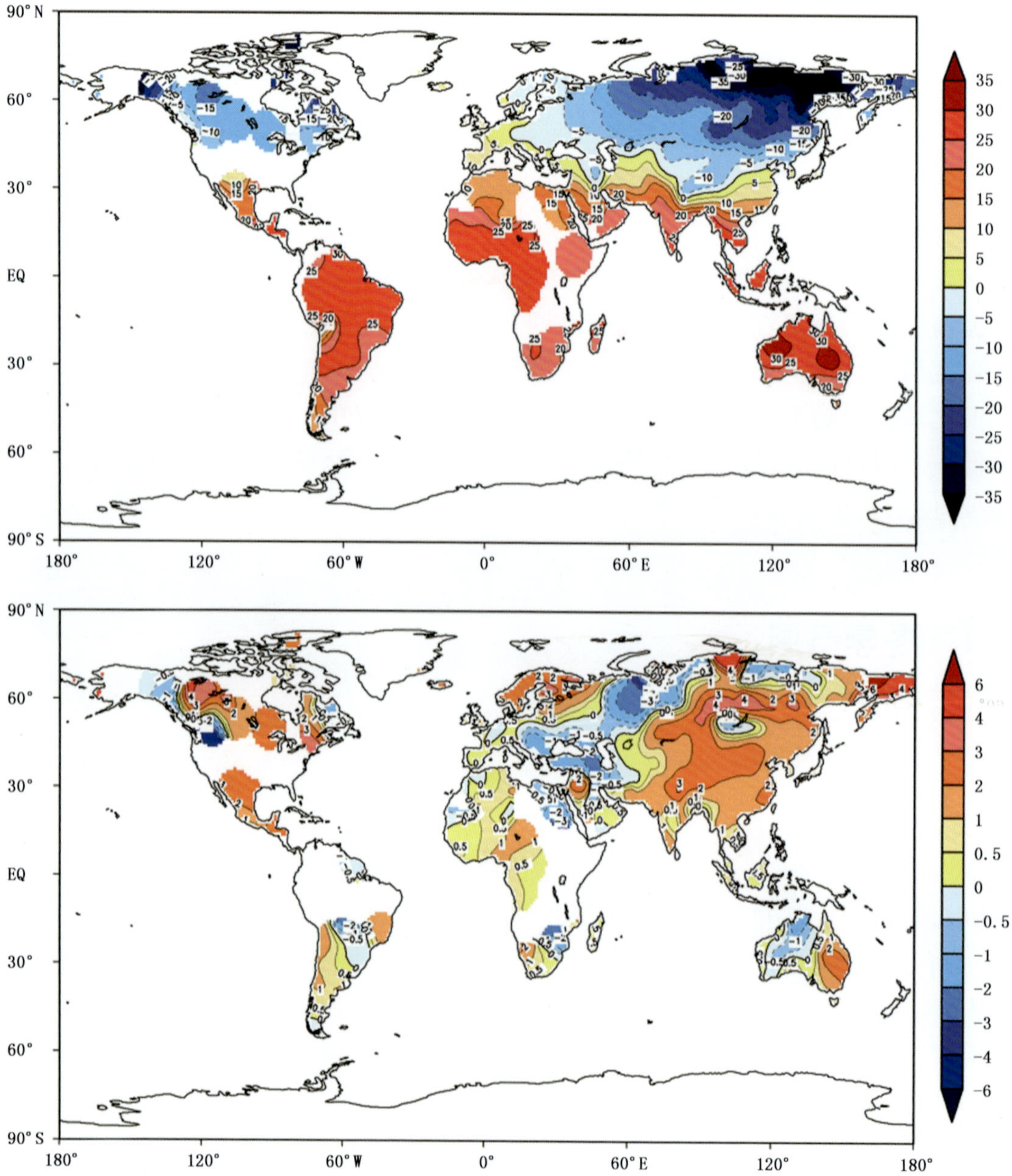

图 1.1 2016/2017 年冬季全球气温(上)及距平(下)分布图(单位:℃)

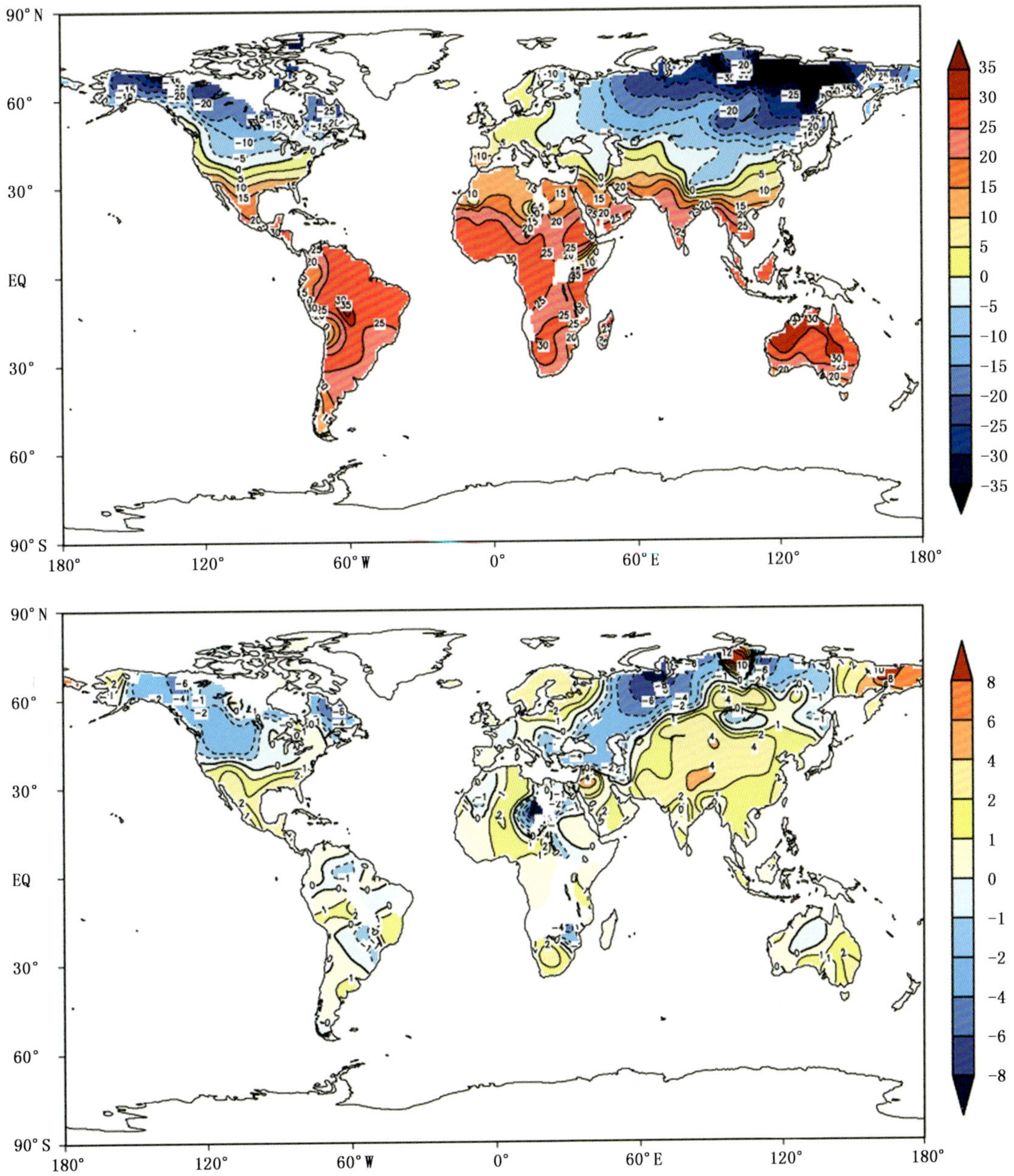

图 1.2 2016 年 12 月全球气温(上)及距平(下)分布图(单位:℃)

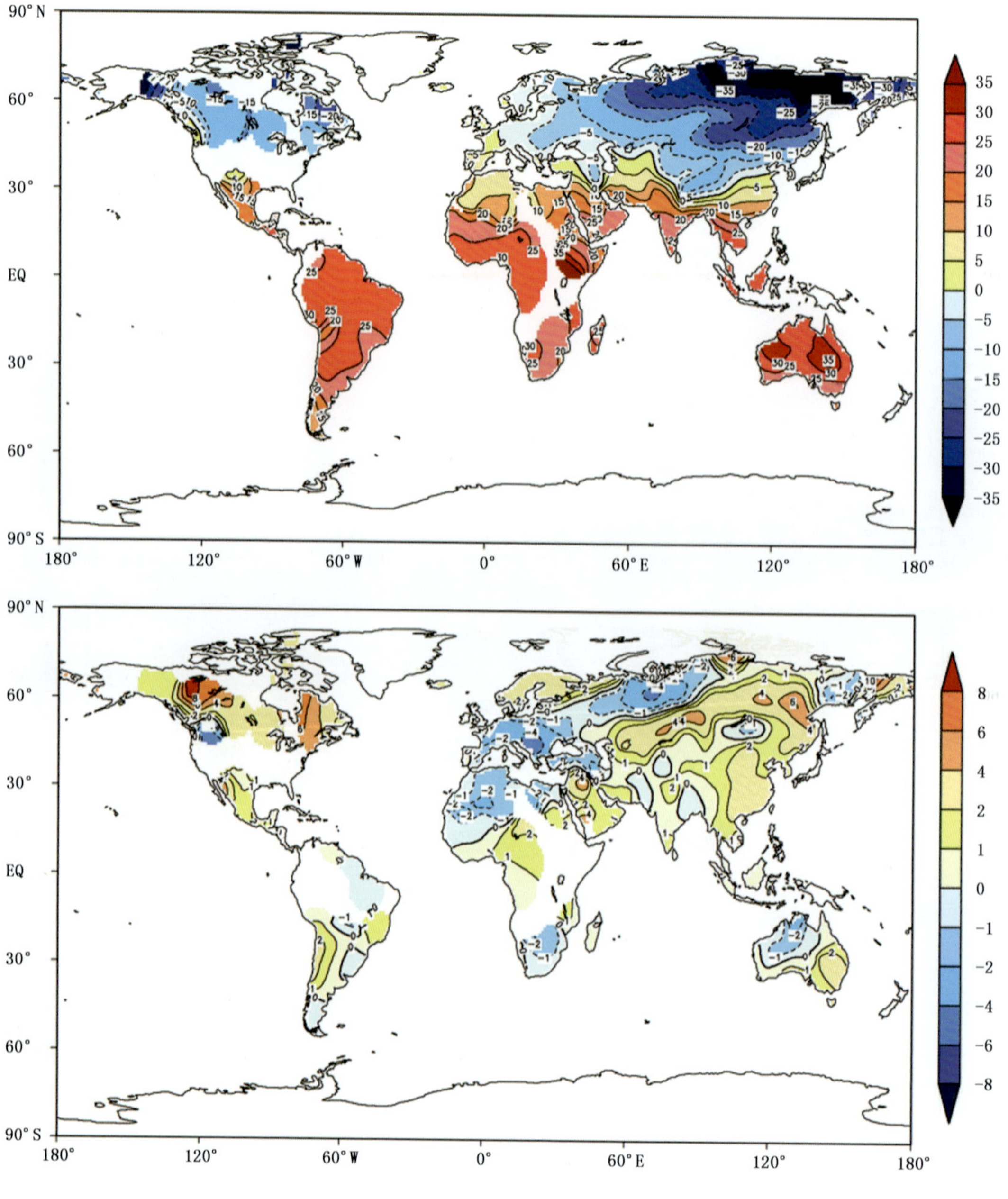

图 1.3　2017 年 1 月全球气温(上)及距平(下)分布图(单位:℃)

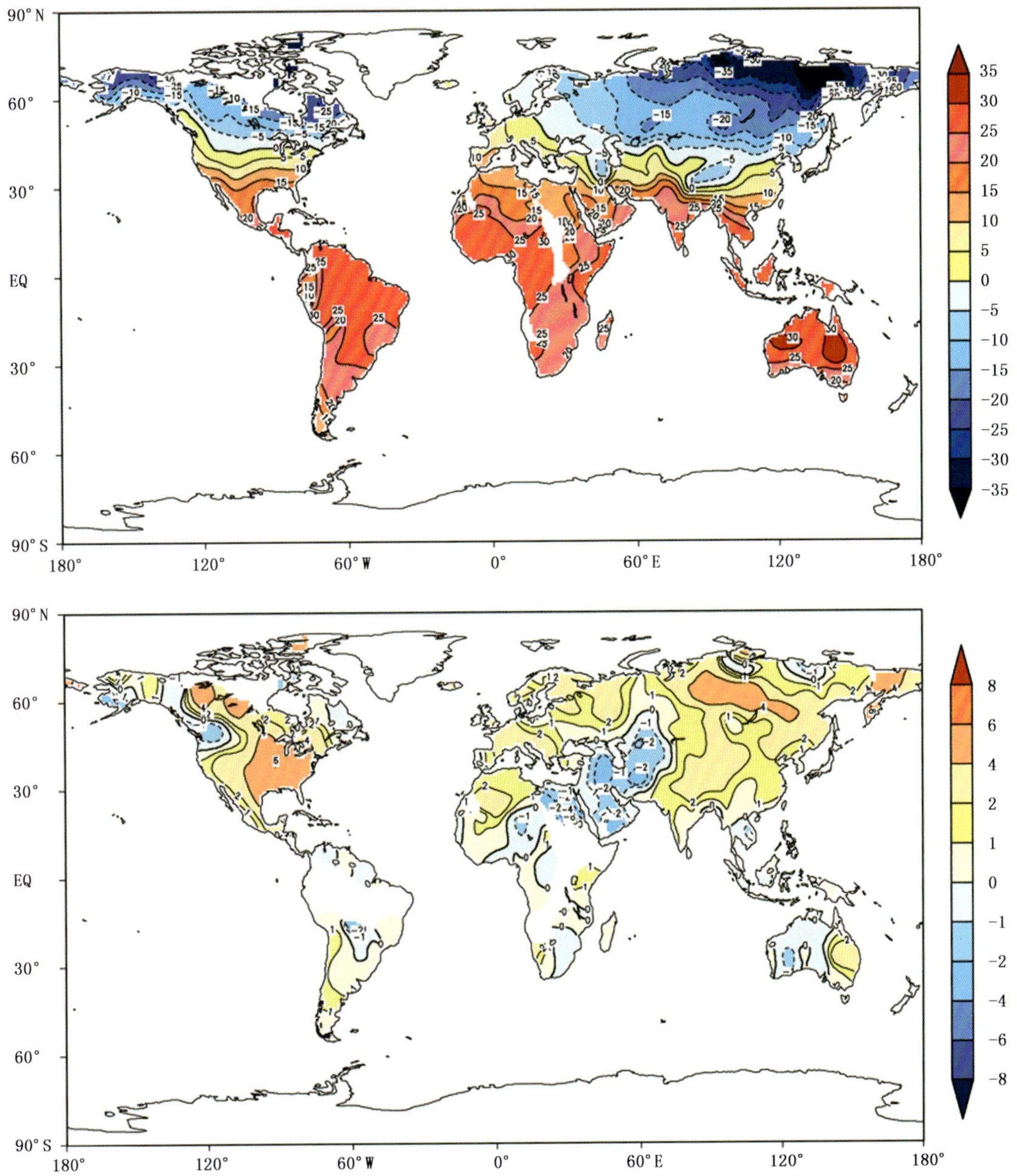

图 1.4　2017 年 2 月全球气温(上)及距平(下)分布图(单位:℃)

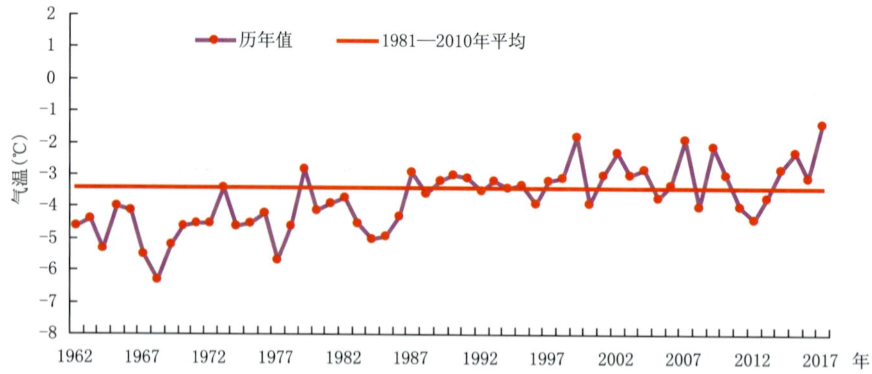

图 1.5　1961/1962—2016/2017 年冬季全国平均气温历年变化图

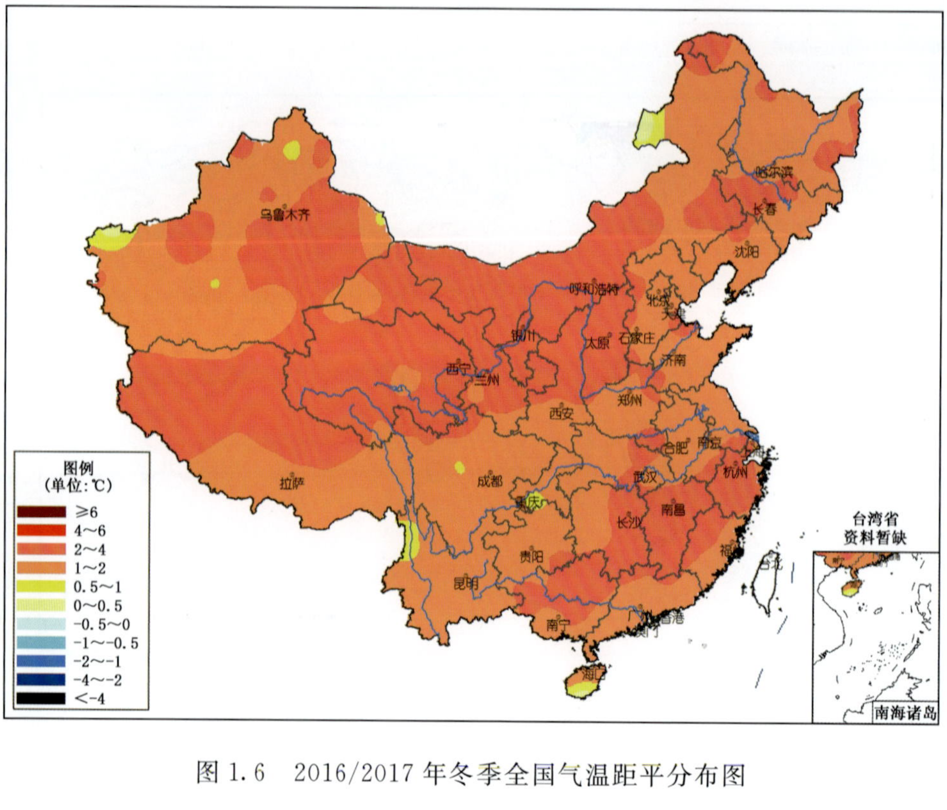

图 1.6　2016/2017 年冬季全国气温距平分布图

1.2 冬季降水

1.2.1 东亚降水

2016/2017 年冬季，东亚大部地区降水以偏少为主，蒙古国西南部偏少 3 成以上；仅东亚东北部和西南部的部分地区降水偏多（图 1.7）。季内（图 1.8～图 1.10），前冬中国东北地区北部和青藏高原中部降水偏多，隆冬东亚西南部的部分地区降水偏多，后冬中国东北地区大部降水偏多。

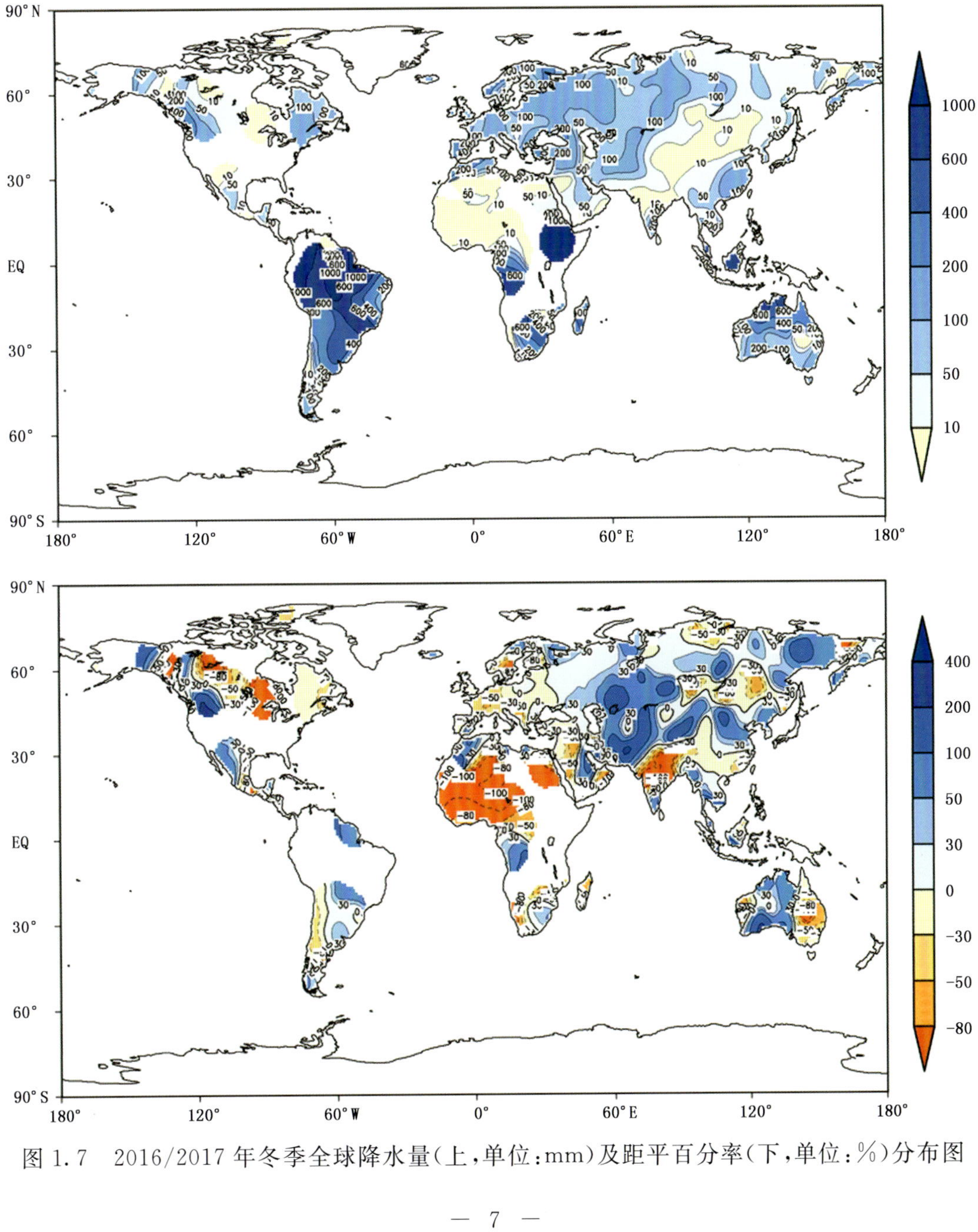

图 1.7　2016/2017 年冬季全球降水量（上，单位：mm）及距平百分率（下，单位：%）分布图

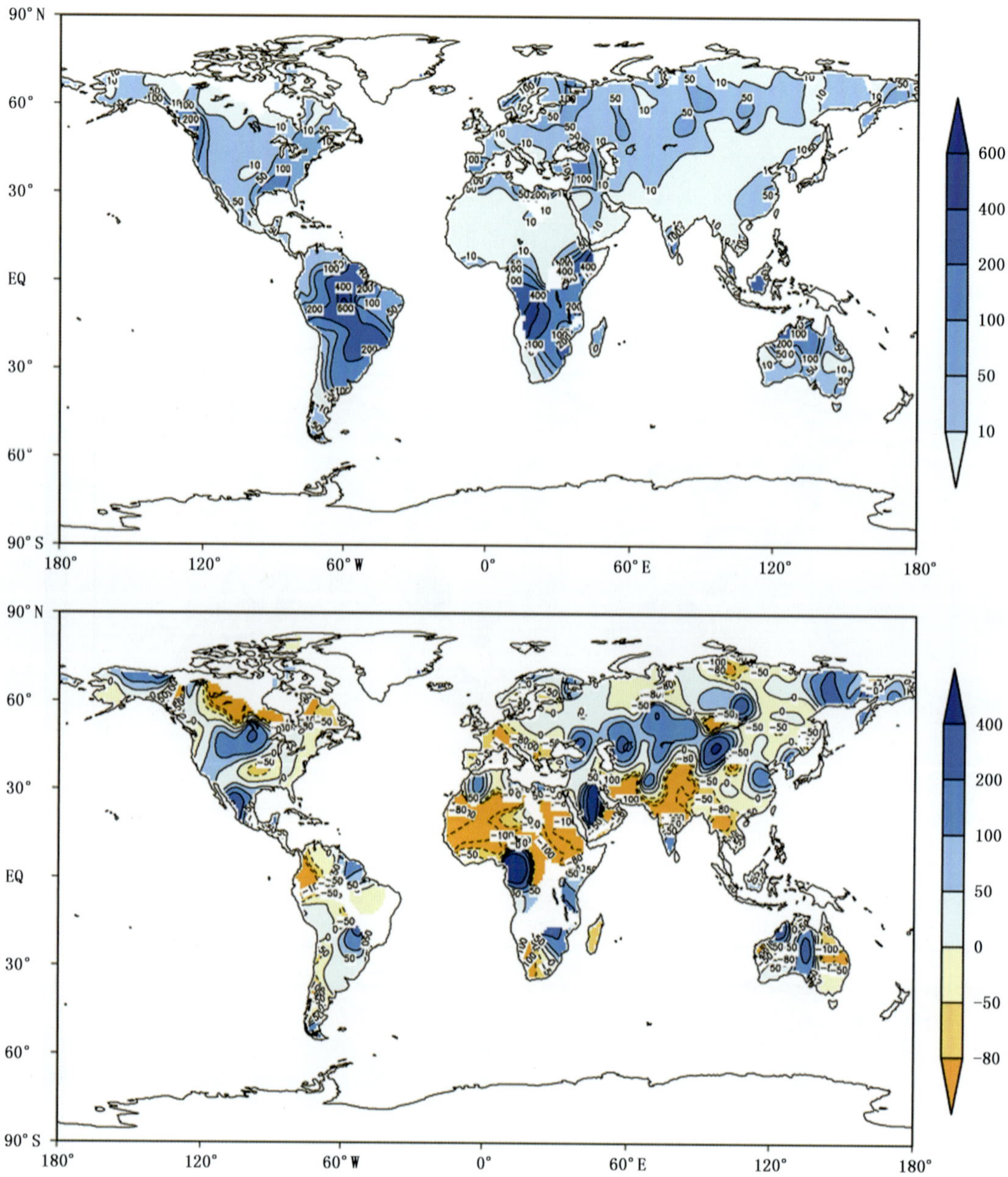

图 1.8　2016 年 12 月全球降水量(上,单位:mm)及距平百分率(下,单位:%)分布图

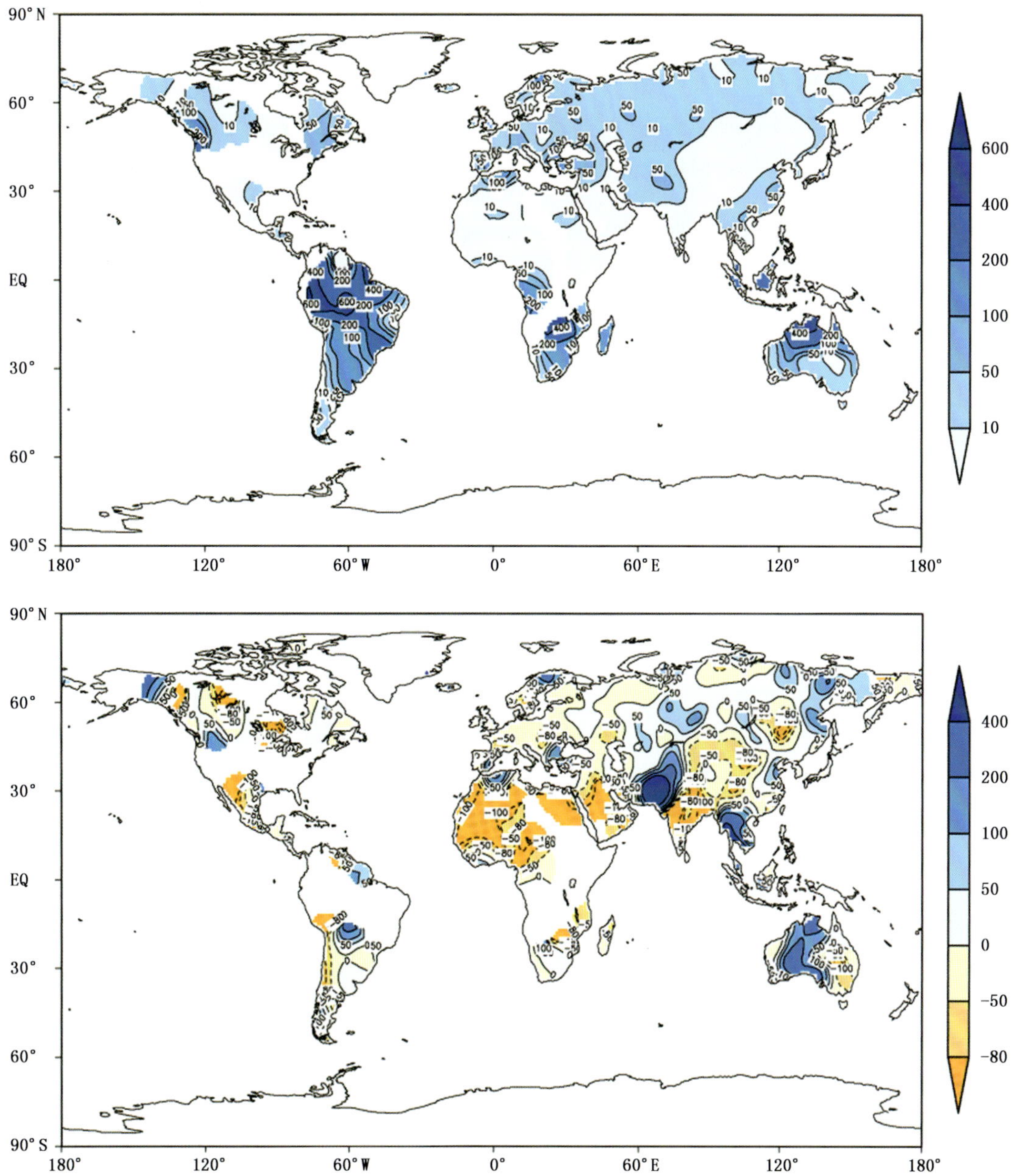

图 1.9 2017 年 1 月全球降水量(上,单位:mm)及距平百分率(下,单位:%)分布图

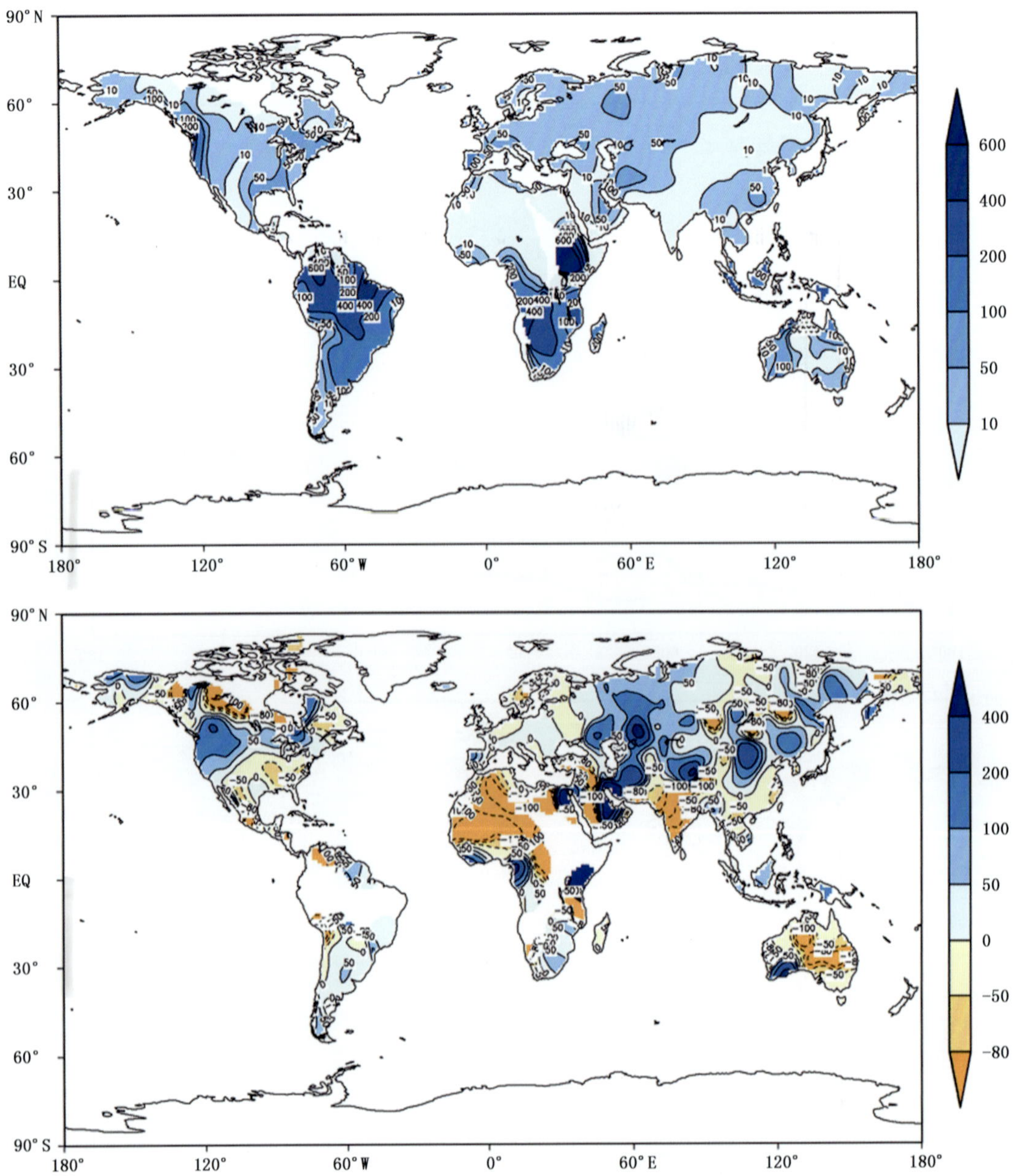

图 1.10　2017 年 2 月全球降水量(上,单位:mm)及距平百分率(下,单位:%)分布图

1.2.2　中国降水

2016/2017 年冬季,全国平均降水量为 38.0 mm,较常年同期(40.8 mm)偏少 5.6%(图 1.11)。从空间分布来看,降水呈北多南少态势。长江以北大部降水量偏多 2 成至 1 倍,其中东北中部、黄淮大部及内蒙古中部、新疆南部、青海西部、西藏西部等地偏多 1～2 倍,内蒙古、新疆和西藏的局部地区偏多 2 倍以上;长江以南大部降水偏少,其中江南中部和东部、华南中部和北部及贵州西部、四川西部和南部、西藏东部、甘肃中部等地偏少 2～8 成(图 1.12)。

全国31省(区、市)中,吉林(40 mm,偏多1倍)、山东(48.5 mm,偏多88%)等19省(区、市)降水较常年同期偏多;广东(偏少49%)、浙江(偏少41%)等12省(区、市)降水偏少。

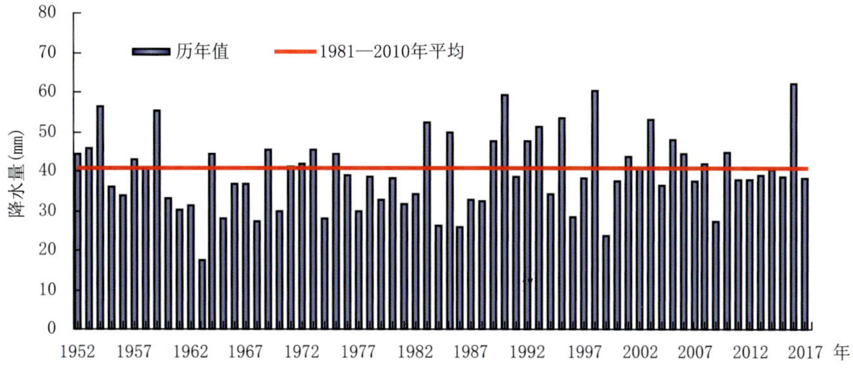

图1.11 1951/1952—2016/2017年冬季全国平均降水量历年变化图

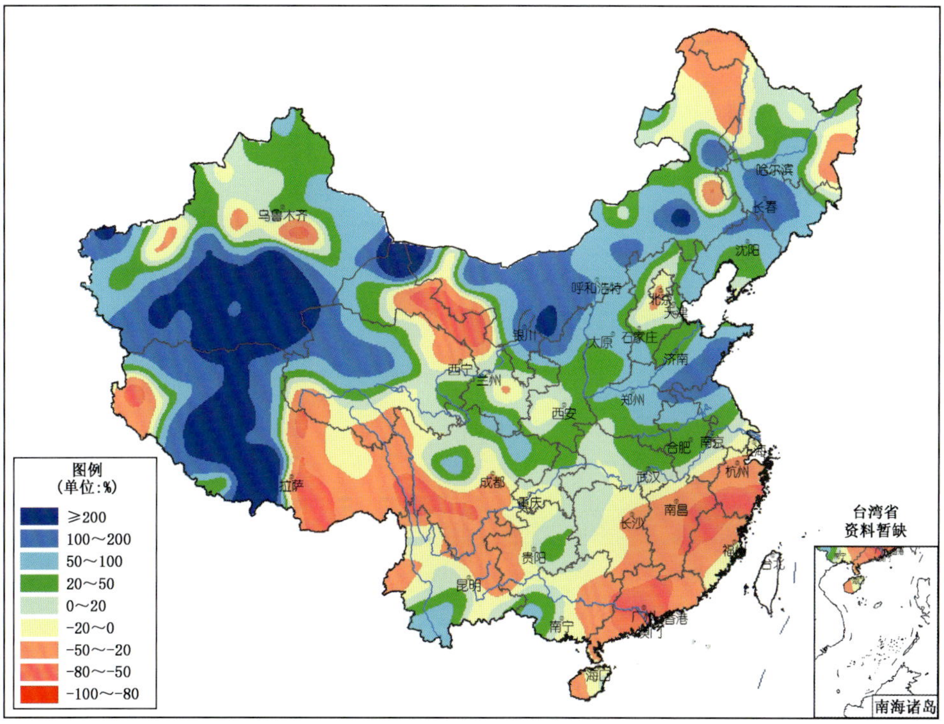

图1.12 2016/2017年冬季全国降水量距平百分率分布图

1.3 冷空气过程

2016/2017年冬季,全国共经历7次强冷空气过程及1次全国型寒潮过程(表1.1)。

表 1.1　2016/2017 年中国强冷空气和全国型寒潮过程列表

开始时间	结束时间	强度等级
2016 年 12 月 5 日	2016 年 12 月 7 日	强冷空气
2016 年 12 月 22 日	2016 年 12 月 24 日	强冷空气
2016 年 12 月 27 日	2016 年 12 月 28 日	强冷空气
2017 年 1 月 20 日	2017 年 1 月 21 日	强冷空气
2017 年 1 月 29 日	2017 年 1 月 31 日	强冷空气
2017 年 2 月 7 日	2017 年 2 月 10 日	强冷空气
2017 年 2 月 17 日	2017 年 2 月 18 日	强冷空气
2017 年 2 月 20 日	2017 年 2 月 24 日	全国型寒潮

从 2016/2017 年冬季主要强冷空气过程和全国型寒潮过程的降温幅度和路径来看：

(1)2017 年 2 月 20—24 日的全国型寒潮过程主要影响除我国东北地区、华北地区、东部沿海及西南部分地区以外的全国大部分地区，其中新疆北部、内蒙古中部、西北地区东北部及江南南部等地最大降温幅度达 10～12 ℃，部分地区达 12 ℃以上。此次全国型寒潮过程以西部路径为主，降温最早出现在新疆北部及内蒙古中部，然后向东南推进(图 1.13)。

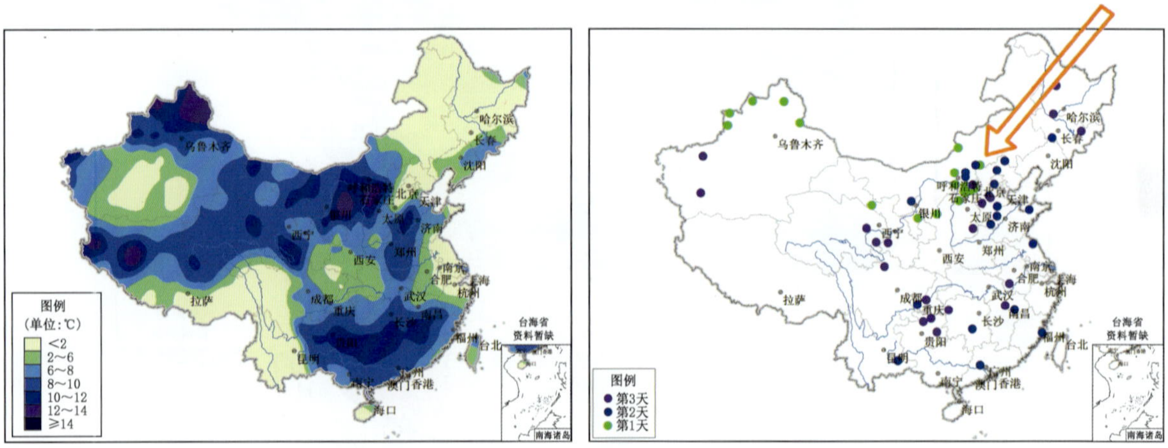

图 1.13　2017 年 2 月 20—24 日全国型寒潮过程最大降温幅度(左)及过程前 3 日显著降温台站(右，箭头表示全国型寒潮南下路径)分布图

(2)2017 年 2 月 7—10 日的强冷空气过程主要影响我国新疆北部、西藏西部、西北地区中部和东部、东北地区中部和南部、内蒙古中西部和东南沿海地区，过程最大降温幅度普遍有 6～8 ℃，其中新疆北部部分地区、西藏西部部分地区、内蒙古中部、西北地区东北部和中部局部、东北东南部等地降温幅度达 10～12 ℃，部分地区达 12 ℃以上。此次强冷空气过程自新疆北部及东北地区向东和向南推进(图 1.14)。

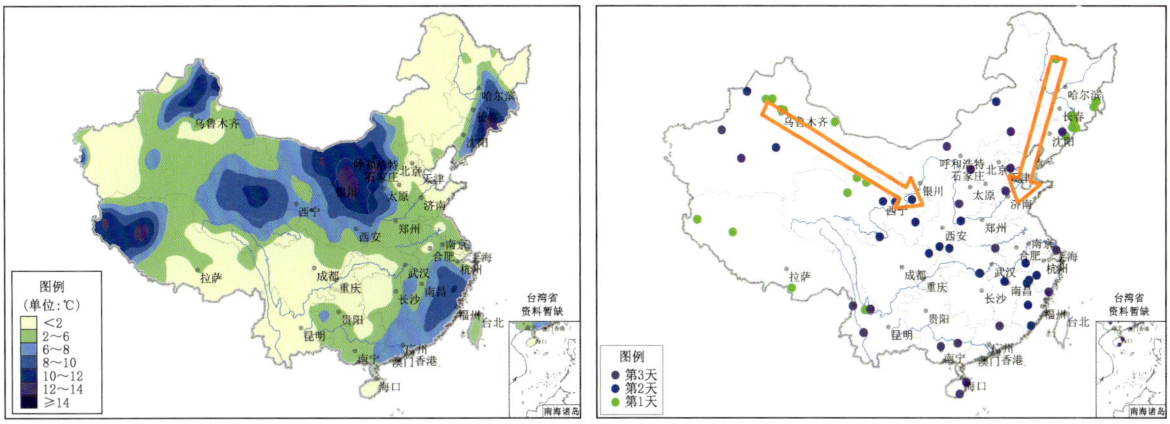

图 1.14 2017 年 2 月 7—10 日强冷空气过程最大降温幅度(左)及过程前 3 日显著降温台站(右,箭头表示强冷空气南下路径)分布图

(3)2016 年 12 月 27—28 日的强冷空气过程主要影响我国除新疆以外的西部大部地区、东北地区及东南沿海地区,过程最大降温幅度普遍有 8 ℃以上,其中,东北东南部、西北地区东北部及西南地区北部局部地区等地最大降温幅度达 10 ℃以上,部分地区达 12~14 ℃。此次强冷空气过程为偏东路径,主要自东北地区向南推进(图 1.15)。

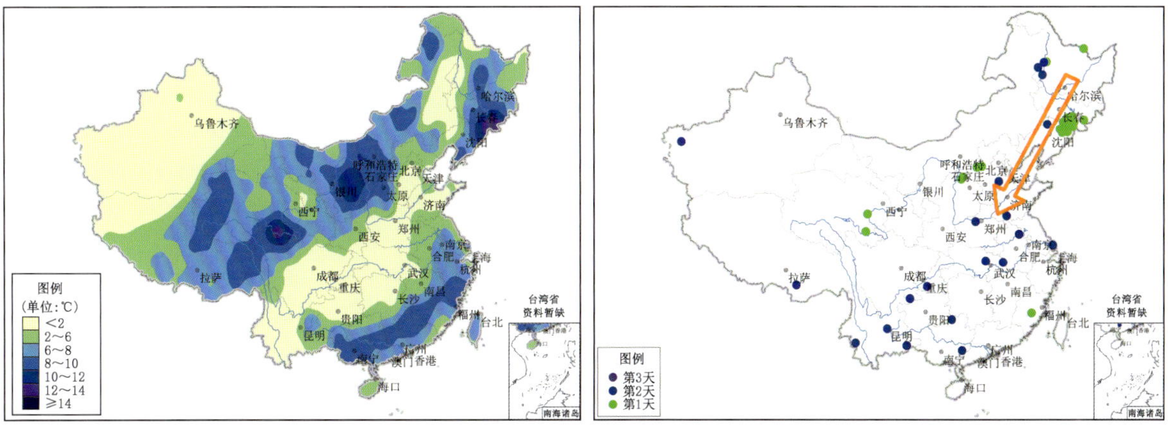

图 1.15 2016 年 12 月 27—28 日强冷空气过程最大降温幅度(左)及过程前 3 日显著降温台站(右,箭头表示强冷空气南下路径)分布图

1.4 极端低温事件

2016/2017 年冬季,全国仅有 3 站发生极端低温事件(图 1.16),分别是黑龙江鹤岗(−32.6 ℃)、山东博兴(−23 ℃)、山东招远(−16.2 ℃)。从全国极端低温事件站次数历年变化来看,在 1977 年后全国极端低温事件站次数显著减少,2016/2017 年冬季,全国共发生极端低温事件 4 站次,较常年值(262 站次)显著偏少(图 1.17)。

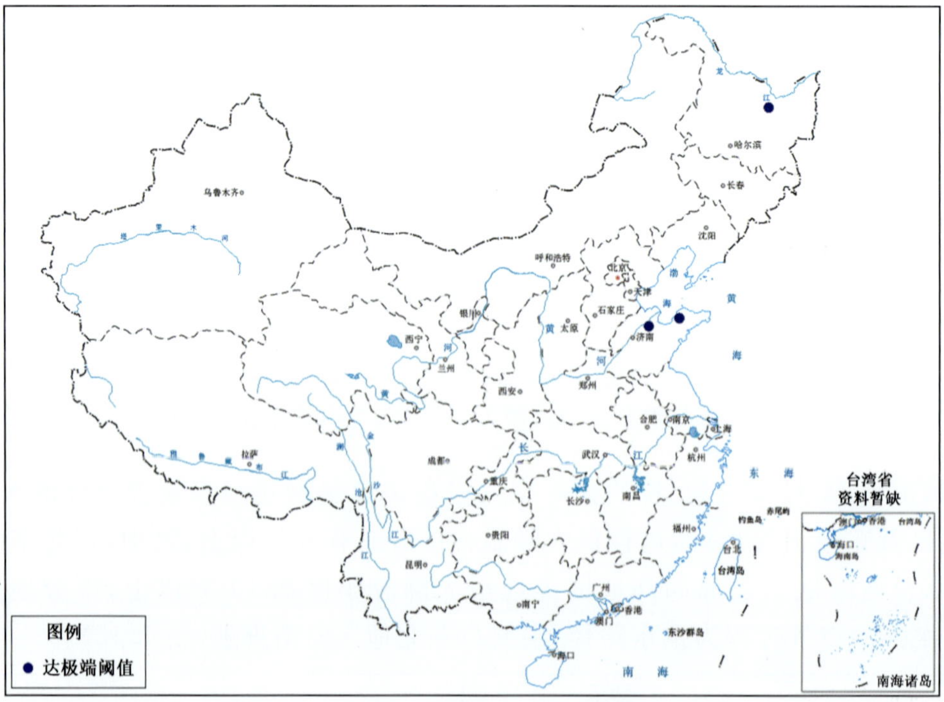

图 1.16　2016/2017 年冬季中国发生极端低温事件的站点分布图

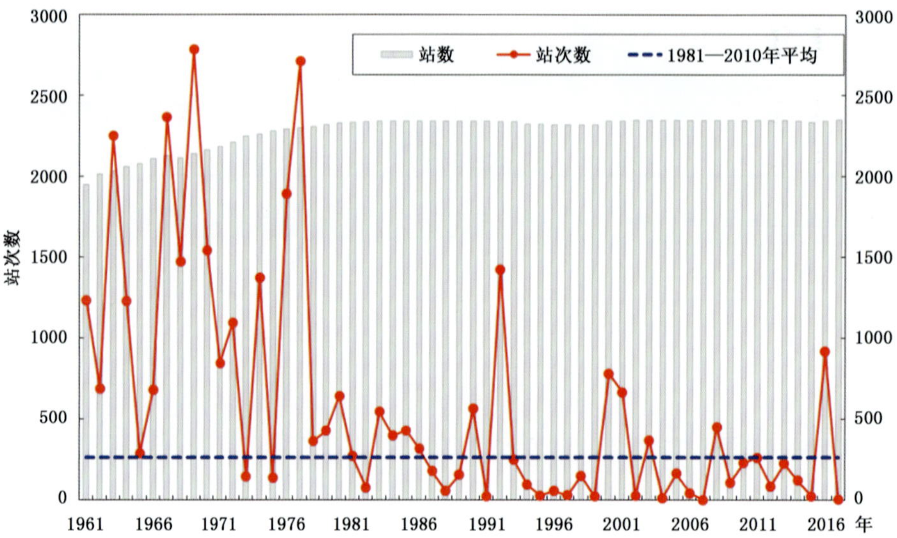

图 1.17　1960/1961—2016/2017 年冬季中国极端低温事件站次数的历年变化图

1.5 东亚冬季风环流系统

1.5.1 东亚冬季风强度

2016/2017 年冬季，东亚冬季风强度指数为－1.29，即强度较常年偏弱(图 1.18)。

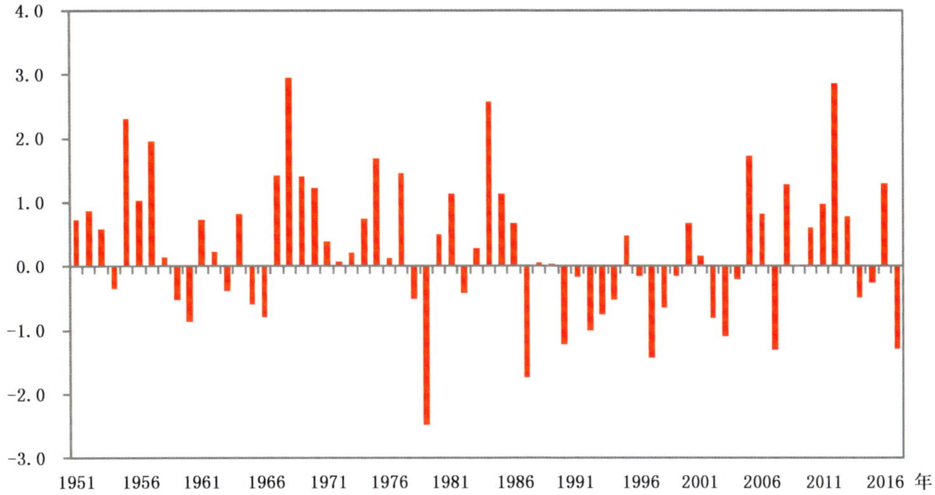

图 1.18 1950/1951—2016/2017 年东亚冬季风强度指数历年变化图

1.5.2 冬季风系统成员

(1)西伯利亚高压

2016/2017 年冬季，西伯利亚高压强度指数距平为－0.53，强度较常年偏弱(图 1.19)。

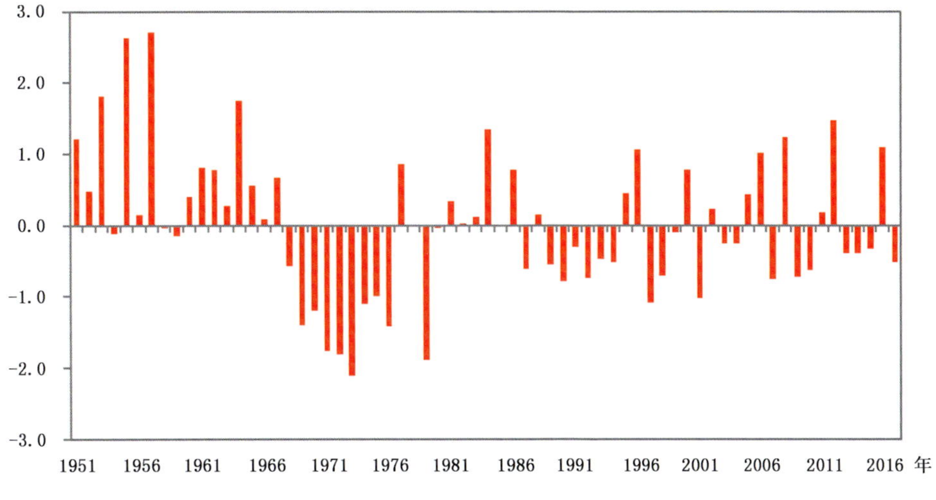

图 1.19 1950/1951—2016/2017 年冬季西伯利亚高压强度指数距平历年变化图

(2)东亚大槽

2016/2017 年冬季，东亚大槽强度指数距平为 107.5，强度较常年偏浅(图 1.20)。

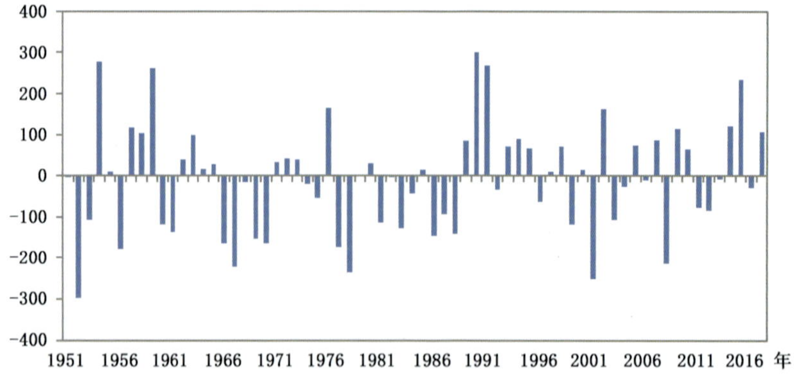

图 1.20　1951/1952—2016/2017 年冬季东亚大槽强度指数距平历年变化图

(3)东亚副热带西风急流

2016/2017 年冬季，东亚副热带西风急流指数为 385.57，较常年(411.5)偏小，表明急流偏弱(图 1.21)。东亚副热带西风急流核位于 138.4°E,32.5°N，较常年(137.6°E,32.3°N)偏东、略偏北(图 1.22 和图 1.23)。

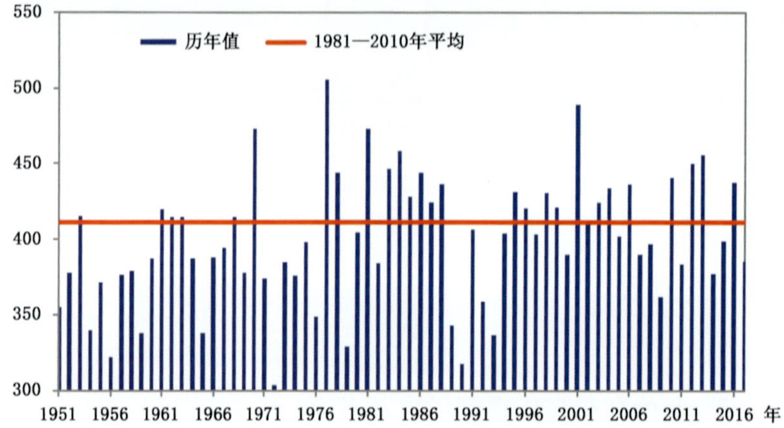

图 1.21　1950/1951—2016/2017 年冬季东亚副热带西风急流指数历年变化图

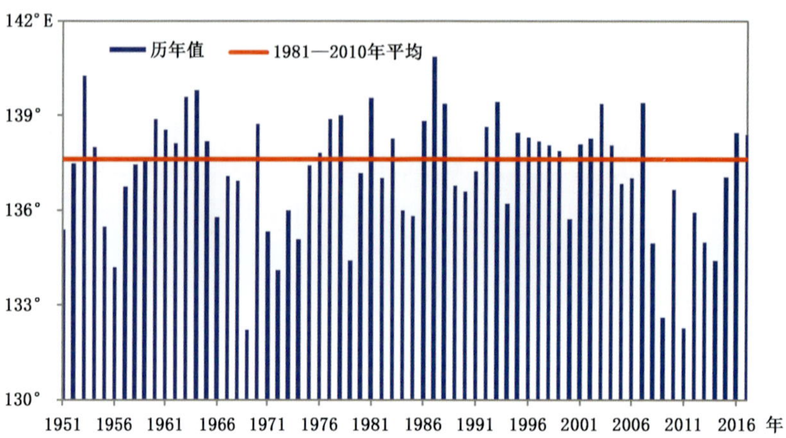

图 1.22　1950/1951—2016/2017 年冬季东亚副热带西风急流核经向位置历年变化图

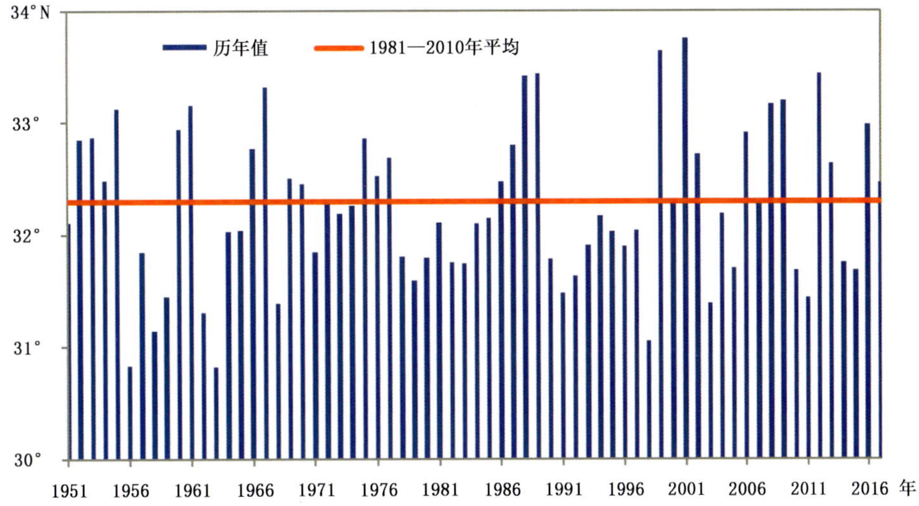

图 1.23　1950/1951—2016/2017 年冬季东亚副热带西风急流核纬向位置历年变化图

(4)北极涛动

2016/2017 年冬季，北极涛动以正位相为主，平均强度指数为 1.02(图 1.24)。从季节内变化来看，2016 年 12 月上旬前期开始为正位相，2017 年 2 月初转为负位相，2 月 16 日再次转为正位相(图 1.25)。

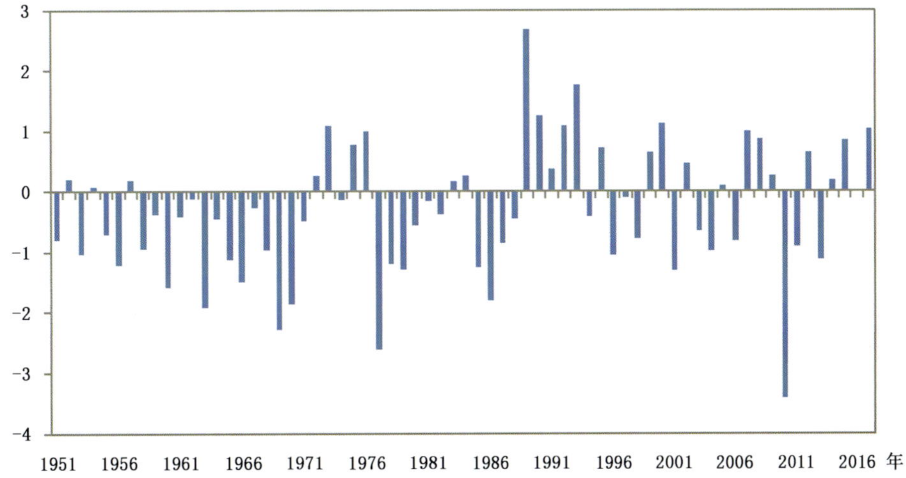

图 1.24　1951/1952—2016/2017 年冬季北极涛动指数历年变化图

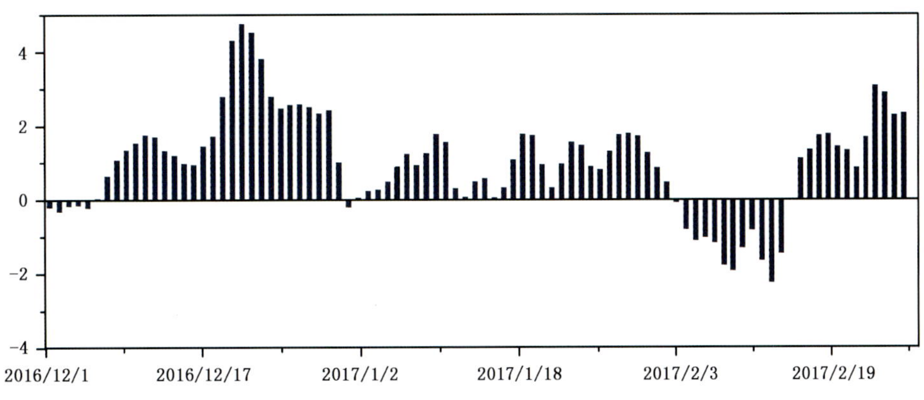

图 1.25　2016 年 12 月 1 日—2017 年 2 月 28 日北极涛动指数变化图

1.5.3 高低空环流特征

(1)海平面气压场

图 1.26～图 1.29 分别给出了 2016/2017 年冬季及季内各月海平面气压场的特征。从图中可以看出：冬季，欧亚大陆中高纬地区总体呈负距平分布，西伯利亚高压总体强度偏弱。

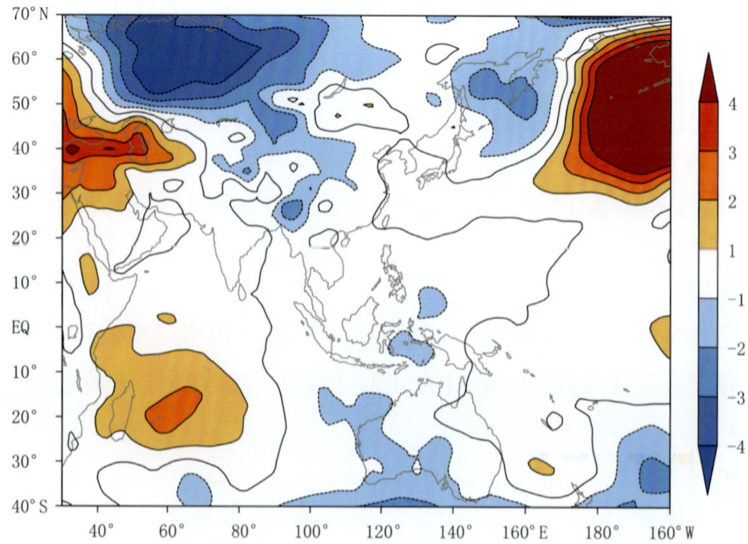

图 1.26　2016/2017 年冬季海平面气压距平分布图(单位：hPa)

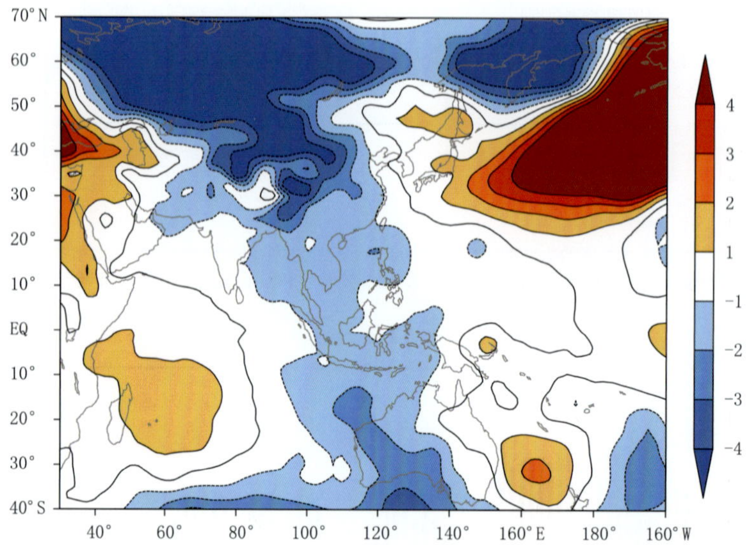

图 1.27　2016 年 12 月海平面气压距平分布图(单位：hPa)

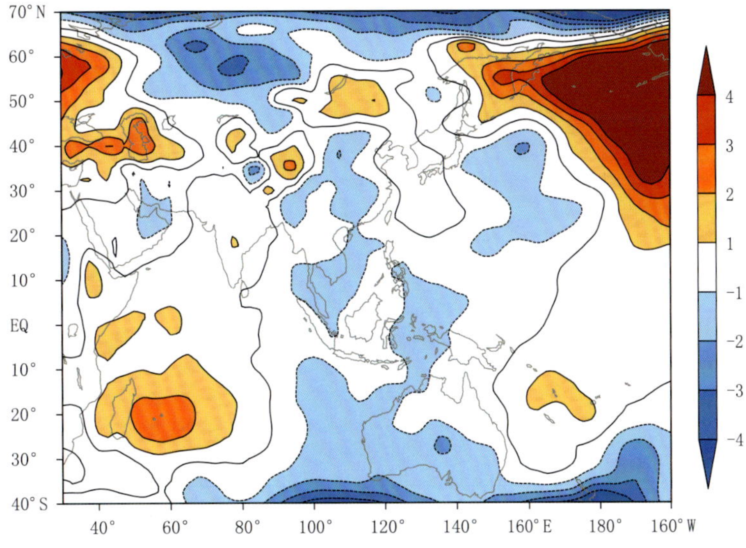

图 1.28 2017 年 1 月海平面气压距平分布图(单位:hPa)

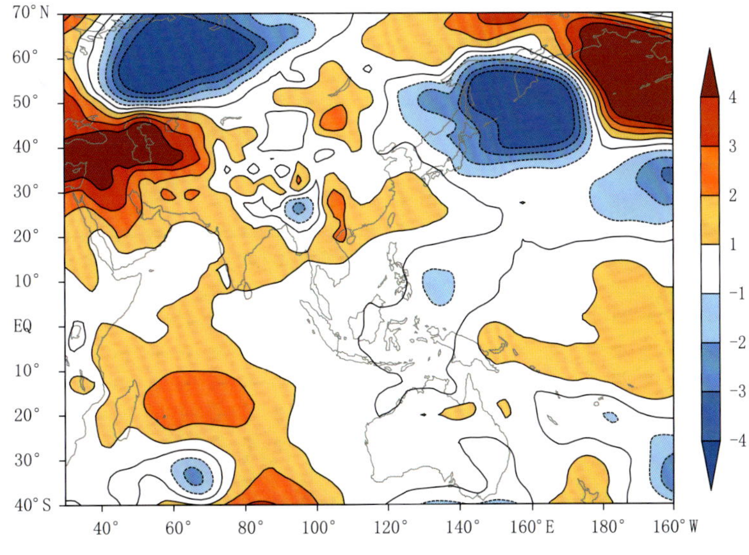

图 1.29 2017 年 2 月海平面气压距平分布图(单位:hPa)

季内,西伯利亚高压强度变化显著,主要表现为前冬弱后冬强的特征。其中,2016 年 12 月,西伯利亚高压偏弱,而 2017 年 1—2 月,西伯利亚高压略偏强。

(2)850 hPa 风场

2016/2017 年冬季,在 850 hPa 风场上,乌拉尔山地区为异常气旋性环流,贝加尔湖地区为异常反气旋性环流,东亚地区大部为弱异常南风控制(图 1.30)。

从季内变化来看(图 1.31～图 1.33),2016 年 12 月,东亚东部为强的偏南风距平控制,冬季风偏弱;2017 年 1 月,东亚东部为弱的偏南风距平控制,冬季风仍偏弱;2017 年 2 月,低层风场发生了调整,中国东部地区主要受偏北风距平的影响,冬季风略偏强。

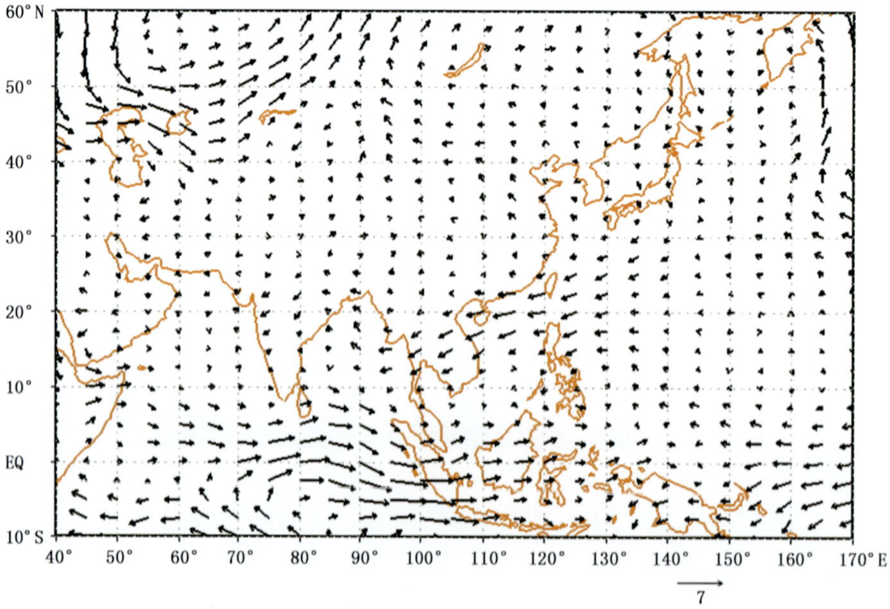

图 1.30　2016/2017 年冬季 850 hPa 风场距平分布图(单位:m/s)

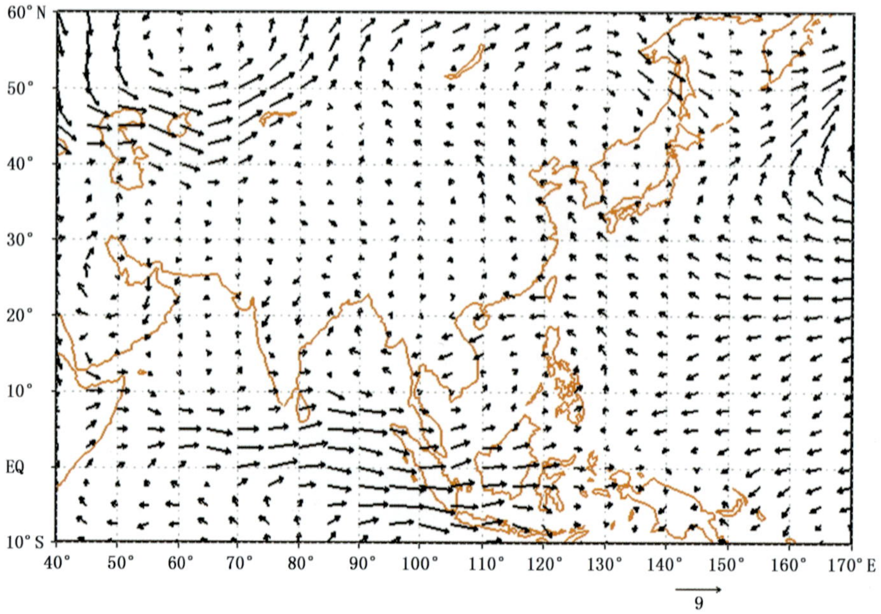

图 1.31　2016 年 12 月 850 hPa 风场距平分布图(单位:m/s)

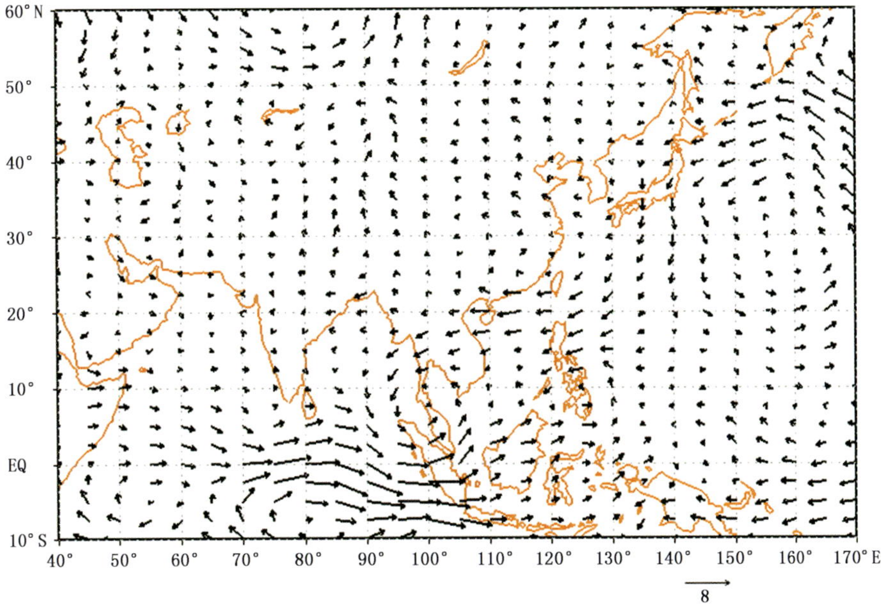

图 1.32 2017 年 1 月 850 hPa 风场距平分布图(单位:m/s)

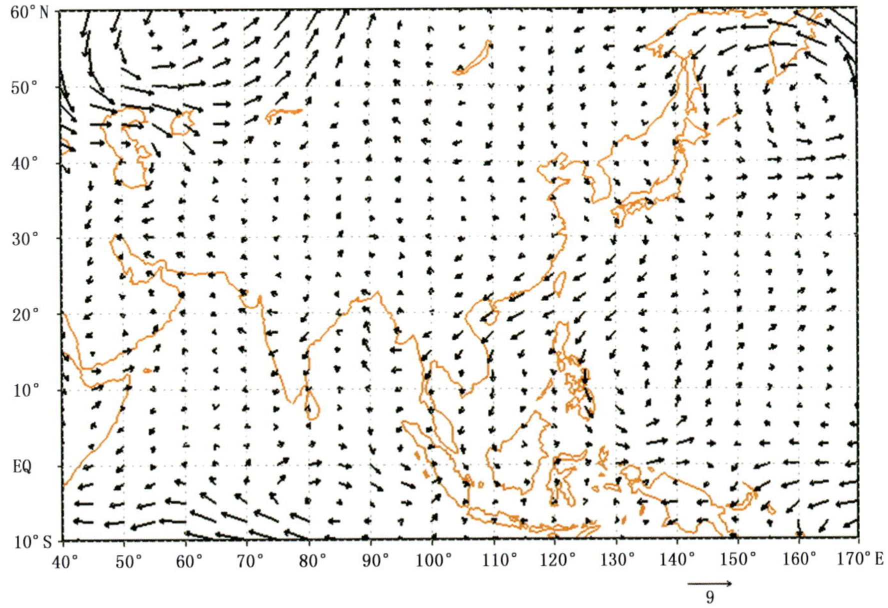

图 1.33 2017 年 2 月 850 hPa 风场距平分布图(单位:m/s)

(3)500 hPa 高度场

2016/2017 年冬季,500 hPa 高度场上(图 1.34),北极地区为负距平控制,极涡分裂为两个中心,分别位于欧洲和北美上空。欧亚中高纬为正距平控制,为冬季典型的三波型环流形式。西太平洋副热带高压(以下简称西太副高)面积偏大、强度偏强、位置偏西。

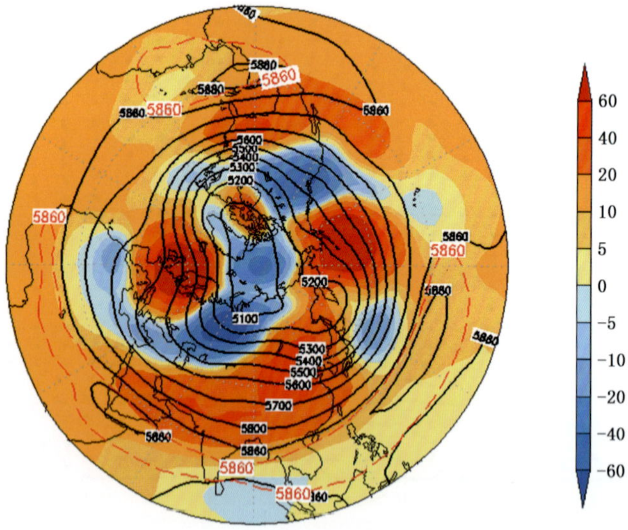

图 1.34　2016/2017 年冬季 500 hPa 位势高度平均值(等值线)及距平(彩色阴影)分布图(单位:gpm)
(红色虚线表示气候平均的 5860 gpm 和 5880 gpm 等值线,近似代表西太副高气候平均的位置)

从季内变化来看(图 1.35～图 1.37),2016 年 12 月,欧亚中高纬度以纬向型环流为主,AO 总体呈现正位相,副高偏强、偏西、偏北。2017 年 1—2 月,欧亚中高纬呈“西低东高”,仍以纬向环流为主,副高强度接近常年,我国气温偏高。

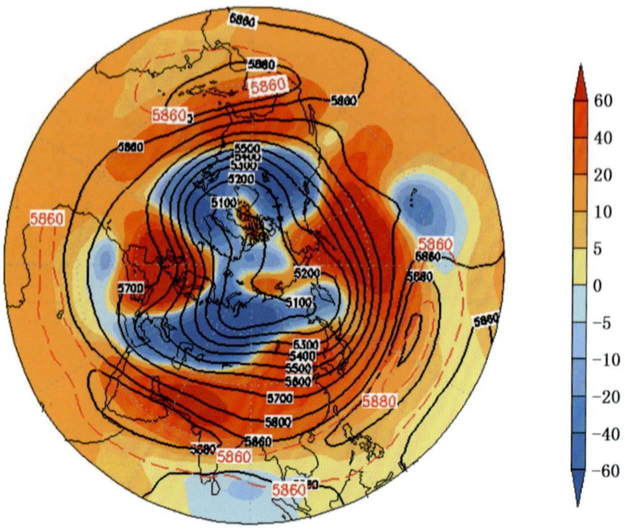

图 1.35　2016 年 12 月 500 hPa 位势高度平均值(等值线)及距平(彩色阴影)分布图(单位:gpm)
(红色虚线表示气候平均的 5860 gpm 和 5880 gpm 等值线,近似代表西太副高气候平均的位置)

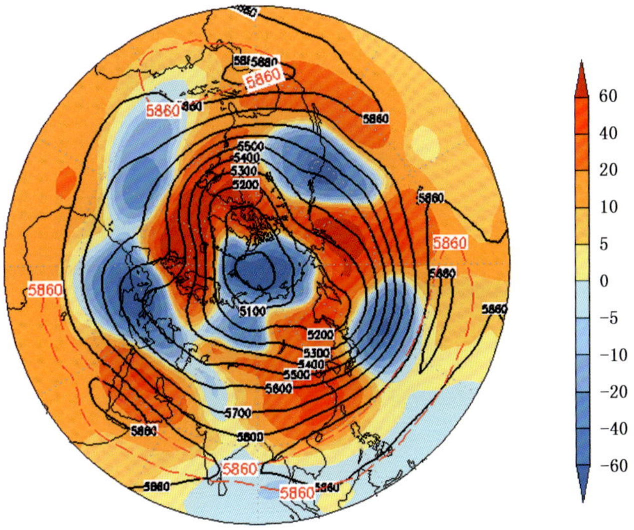

图 1.36　2017 年 1 月 500 hPa 位势高度平均值（等值线）及距平（彩色阴影）分布图（单位：gpm）（红色虚线表示气候平均的 5860 gpm 和 5880 gpm 等值线，近似代表西太副高气候平均的位置）

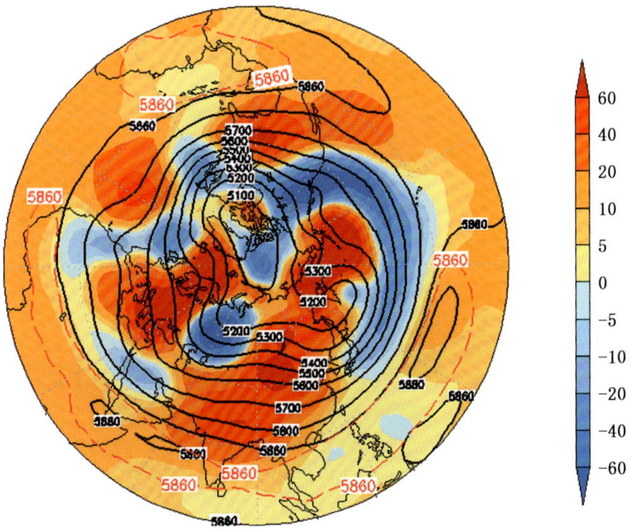

图 1.37　2017 年 2 月 500 hPa 位势高度平均值（等值线）及距平（彩色阴影）分布图（单位：gpm）（红色虚线表示气候平均的 5860 gpm 和 5880 gpm 等值线，近似代表西太副高气候平均的位置）

（4）200 hPa 纬向风场

2016/2017 年冬季，在 200 hPa 纬向风场上，东亚副热带急流在大陆和海洋上表现出不同的特征，东亚地区上空急流总体偏北，而位于太平洋上空的副热带急流位置接近常年（图 1.38）。从季节内变化来看（图 1.39～图 1.41），2016 年 12 月，东亚地区的副热带急流强度偏强，东亚地区上空的位置偏北，2017 年 1 月，急流偏南，2017 年 2 月，特征不明显。

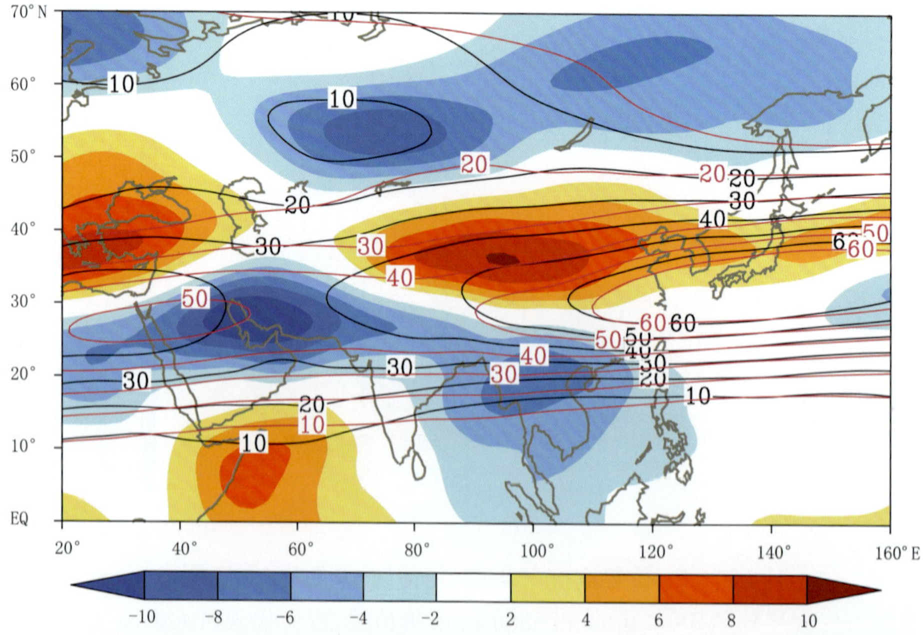

图 1.38　2016/2017 年冬季 200 hPa 纬向风平均场(等值线)及距平(彩色阴影)分布图(单位:m/s)
(红色实线代表气候平均的 20～60 m/s 等值线,近似代表急流中心气候平均的位置)

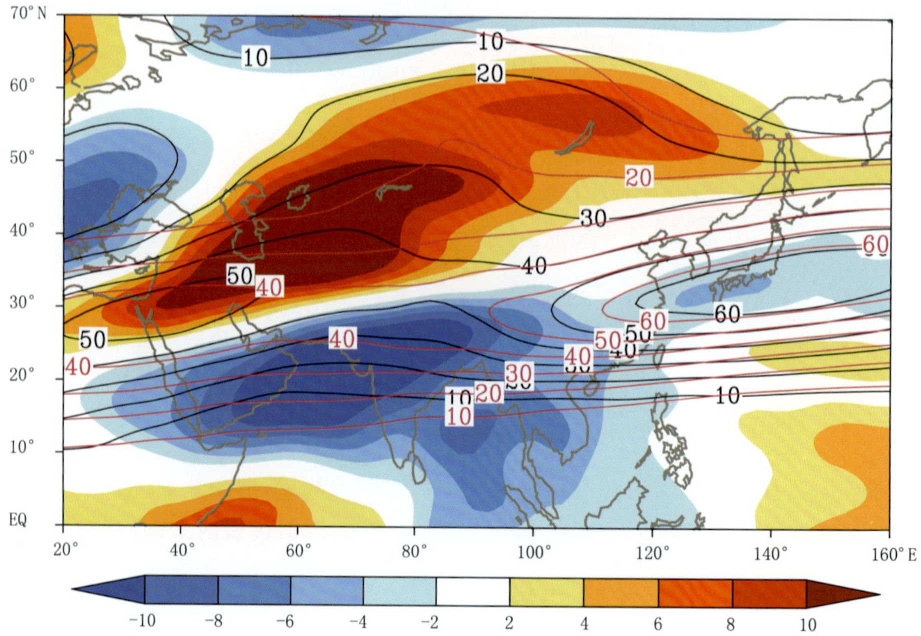

图 1.39　2016 年 12 月 200 hPa 纬向风平均场(等值线)及距平(彩色阴影)分布图(单位:m/s)
(红色实线代表气候平均的 20～60 m/s 等值线,近似代表急流中心气候平均的位置)

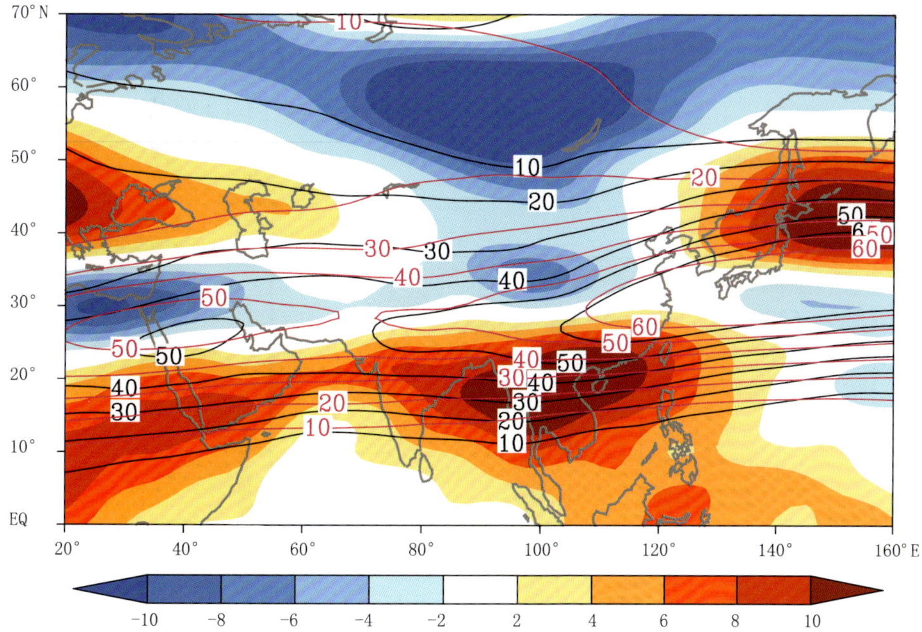

图 1.40　2017 年 1 月 200 hPa 纬向风平均场(等值线)及距平(彩色阴影)分布图(单位:m/s)
(红色实线代表气候平均的 20～60 m/s 等值线,近似代表急流中心气候平均的位置)

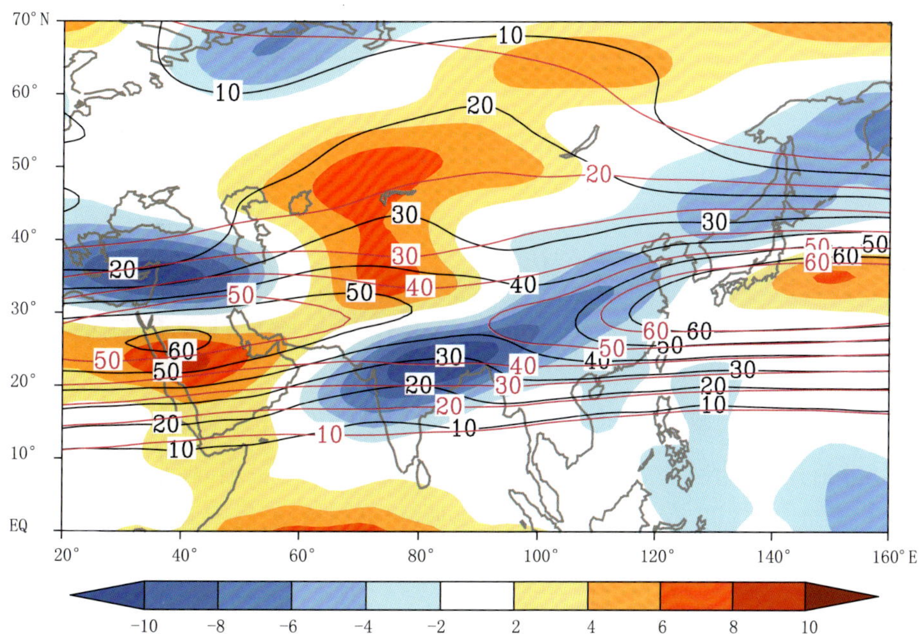

图 1.41　2017 年 2 月 200 hPa 纬向风平均场(等值线)及距平(彩色阴影)分布图(单位:m/s)
(红色实线代表气候平均的 20～60 m/s 等值线,近似代表急流中心气候平均的位置)

1.5.4 阻塞高压活动

2016/2017 年冬季，欧亚中高纬地区阻塞高压（以下简称阻高）活动较为频繁。2016 年 12 月中下旬、2017 年 1 月中下旬和 2 月上中旬，乌拉尔山以东地区上空分别出现了三次弱到中等强度的阻高活动。1 月和 2 月上中旬在鄂霍次克海地区上空有两次阻高建立并且西移的过程，此两次阻高活动强度较强（图 1.42）。

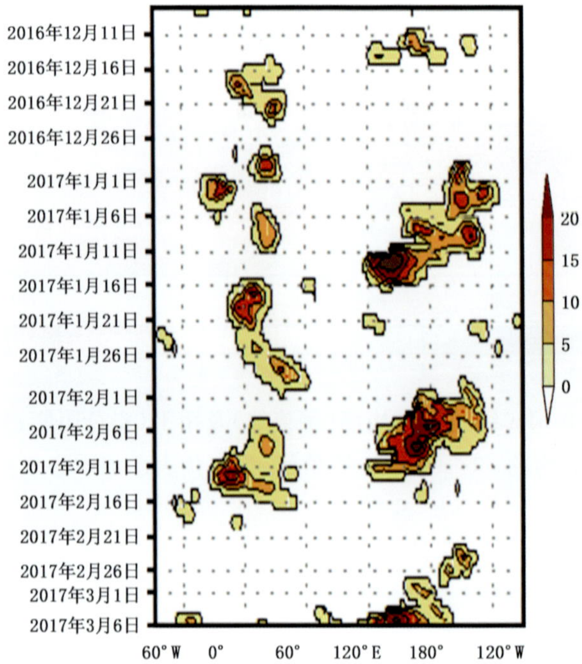

图 1.42 2016/2017 年冬季北半球阻高指数时间—经度演变特征图（单位：gpm/纬度）

1.5.5 平流层过程

2016 年 10 月初至 2017 年 4 月末，平流层 NAM 信号阶段性变化明显（图 1.43），没有爆发性增温事件发生。

根据早期的观测资料，平流层大尺度环流的变化首先出现在距离地面约 50 km 的高度，然后下传至平流层的低层，最后下传至对流层，导致对流层出现异常天气事件。2016 年 11 月下旬至 12 月初，平流层 NAM 为负值，受平流层 NAM 信号的影响，对流层 AO 阶段性出现负值，对流层极区冷空气较为活跃，易造成我国地面气温偏低。12 月中旬开始，平流层 NAM 信号转正，地面 AO 信号为正，平流层极涡稳定，对流层极区冷空气不易向南下扩散。2017 年 1 月末开始至 3 月初，平流层的信号再次转负，在此期间有显著的负 NAM 信号维持在平流层中，对流层 AO 信号与平流层 NAM 信号相反，平流层的信号未能充分地下传至对流层。2016/2017 年冬季，未出现达到爆发性增温标准的事件。

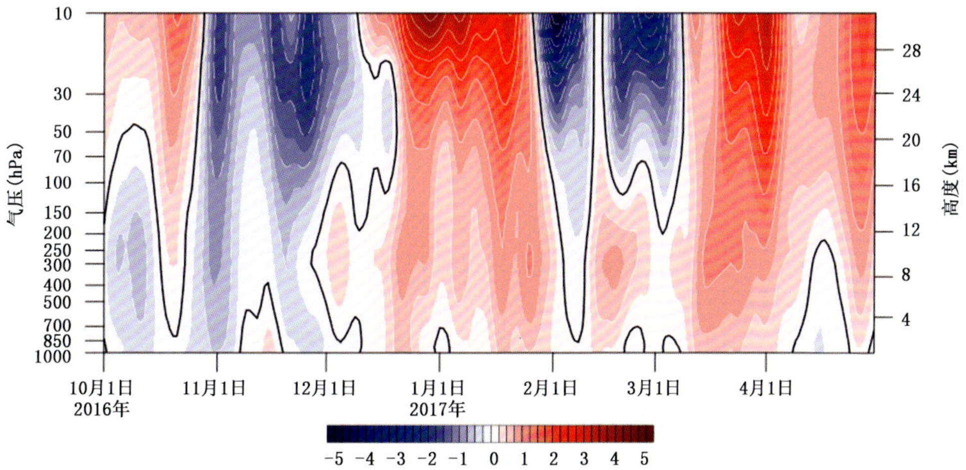

图 1.43 2016 年 10 月至 2017 年 4 月平流层 NAM 指数高度—时间图

1.6 热带大气季节内振荡(MJO)活动

2016/2017 年冬季，MJO(Madden-Julian Oscillation)活动阶段性变化特征明显。2016 年 12 月至 2017 年 1 月中旬，MJO 活动强度偏弱。从 2017 年 1 月第 4 候开始，MJO 强度逐渐加强，并从第 8 位相传播到第 3 位相(图 1.44)。2017 年 1 月第 6 候，MJO 活动出现阶段性减弱。2017 年 2 月，MJO 从第 4 位相向东传播到第 2 位相，强度显著偏强。

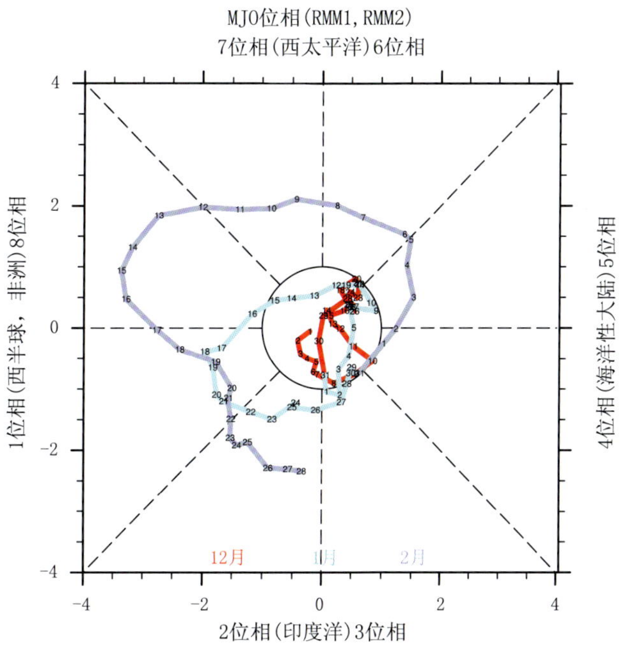

图 1.44 2016 年 12 月—2017 年 2 月 MJO 指数演变图

(MJO 指数在中心圆以内强度偏弱，反之亦然)

第 2 章 东亚夏季风

2017 年，亚洲热带季风最早于 5 月第 2 候在赤道东印度洋建立，然后分别向西北和东北方向推进。南海夏季风于 5 月第 4 候爆发，较常年略偏早一候；于 10 月第 5 候结束，较常年明显偏晚；南海夏季风强度较常年明显偏弱。

夏季，东亚副热带夏季风平均强度较常年略偏弱。西太平洋副热带高压面积偏大、强度偏强、西伸脊点偏西、脊线位置偏南。西北太平洋热带辐合带（季风槽）强度偏弱。夏季，东亚地区大部降水以偏多为主，尤其是中国西部和蒙古国中西部等地；东亚地区大部气温以偏高为主，尤其中国西北和蒙古国西部气温偏高显著。

夏季风系统其他成员中，马斯克林高压偏强，澳大利亚高压偏弱，索马里越赤道气流强度偏强，孟加拉湾越赤道气流偏强，南海越赤道气流接近常年，菲律宾越赤道气流偏弱。南亚高压强度偏强，中心位置略偏西。东亚副热带西风急流强度异常偏弱，急流中心位置略偏北。此外，夏季 30～60 d 低层纬向风季节内振荡经向传播变化特征明显。

2.1 夏季气温

2.1.1 东亚气温

2017 年夏季，东亚地区气温以偏高为主，中国西北部局部地区和蒙古国西部偏高超过 2 ℃（图 2.1）。从季内变化来看（图 2.2～图 2.4），6 月东亚东部和南部气温偏低，盛夏东亚大部地区气温持续偏高。

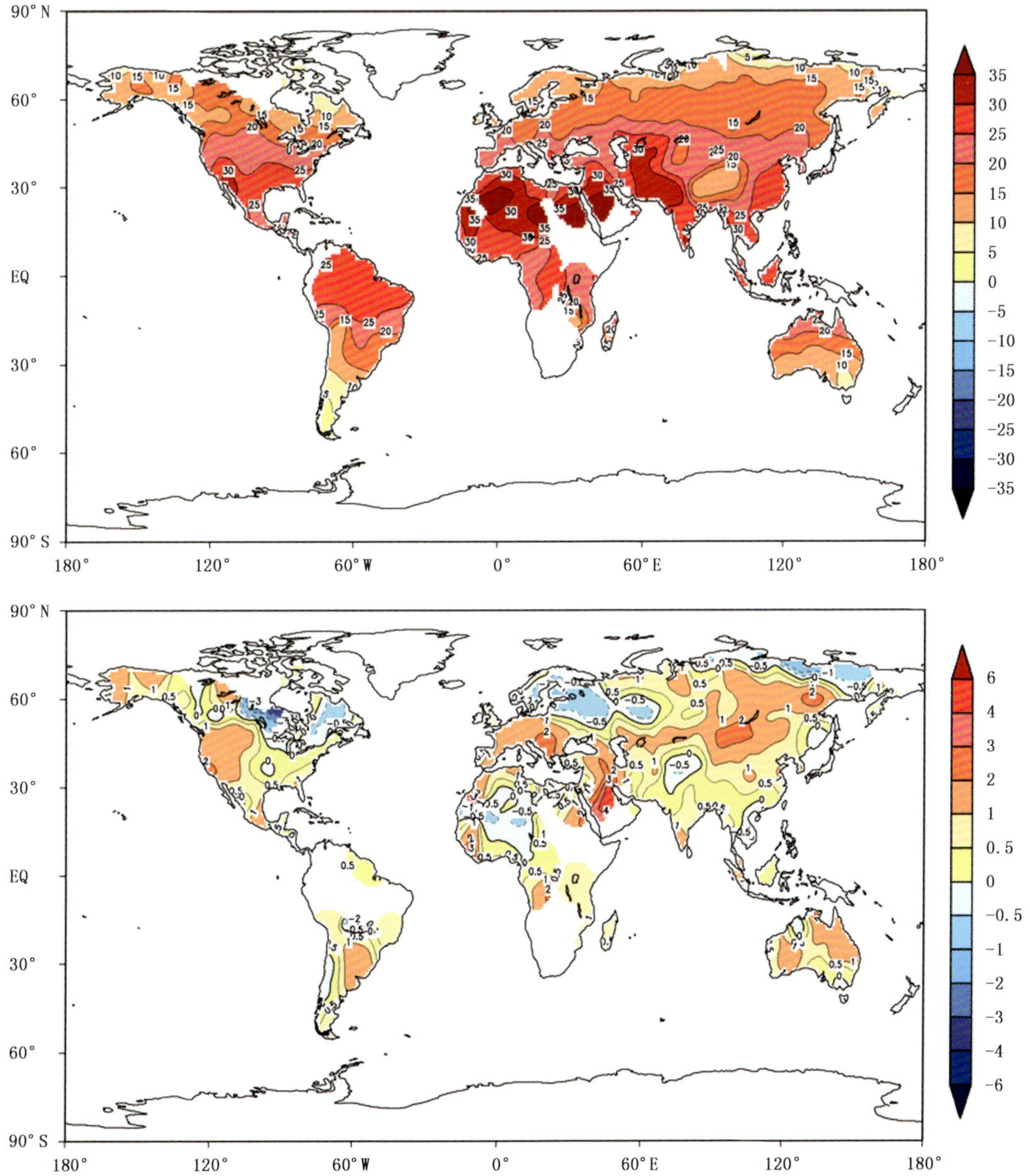

图 2.1　2017 年夏季全球气温(上)及距平(下)分布图(单位:℃)

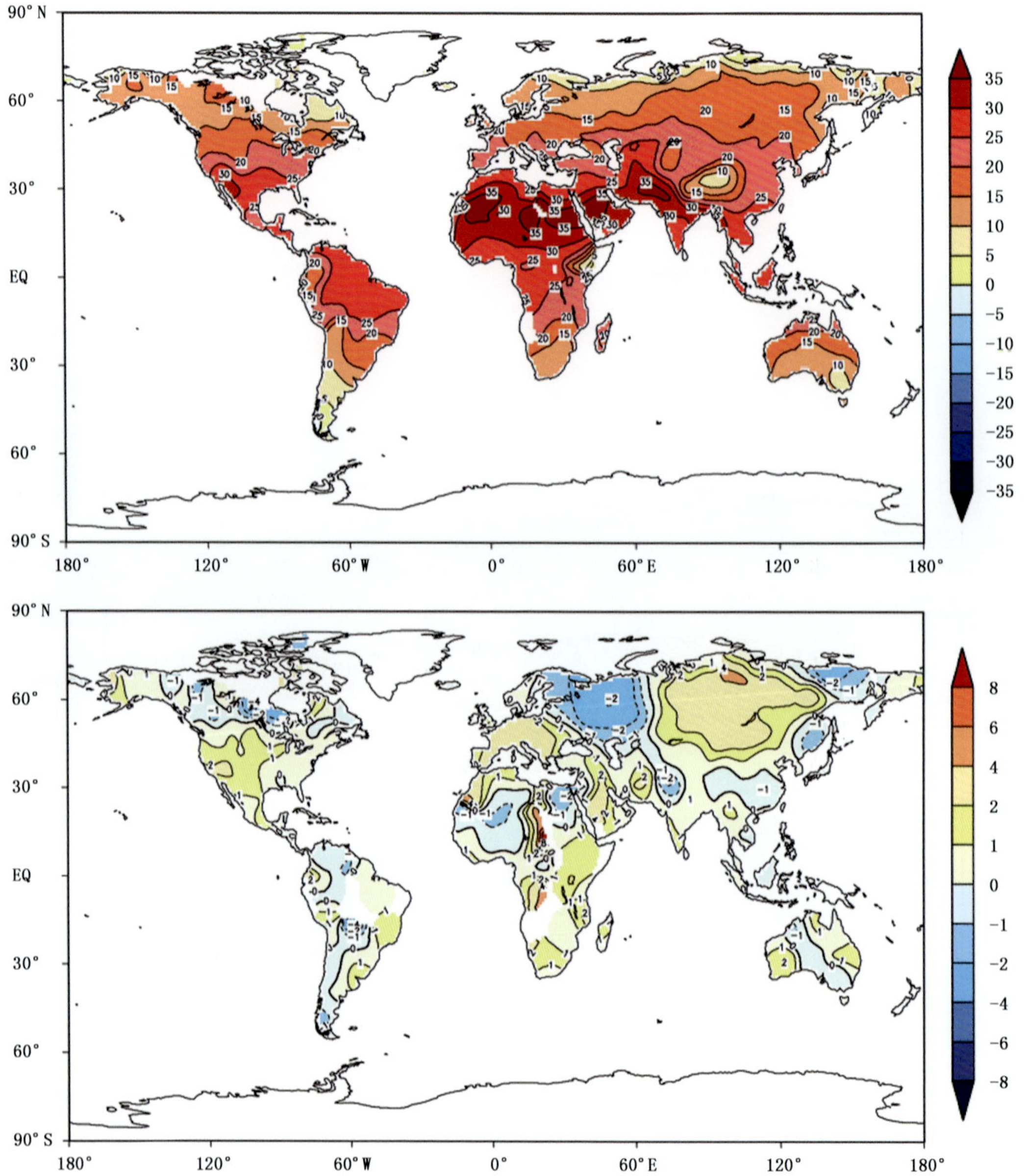

图 2.2 2017 年 6 月全球气温(上) 及距平(下)分布图(单位:℃)

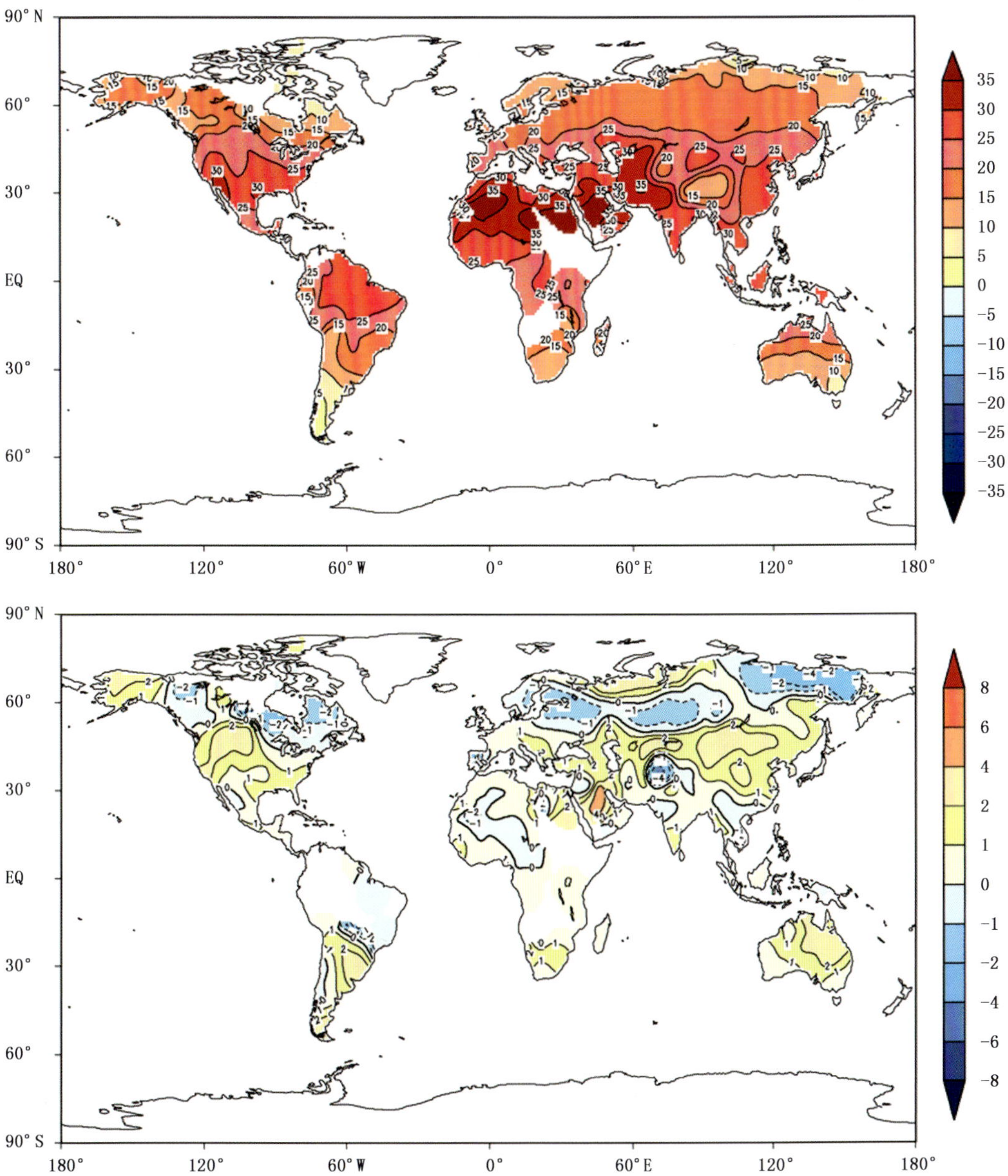

图 2.3 2017 年 7 月全球气温(上)及距平(下)分布图(单位:℃)

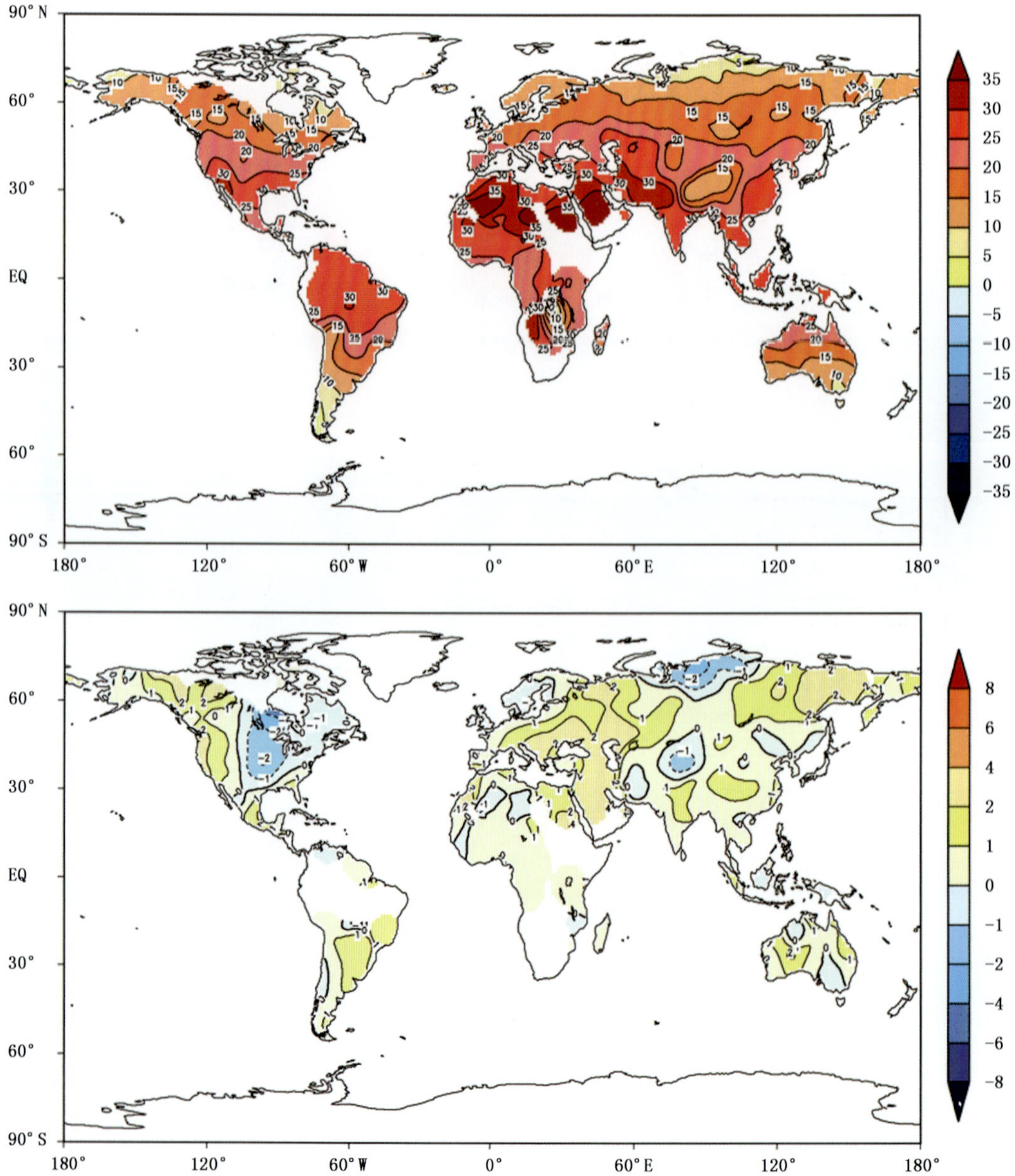

图 2.4　2017 年 8 月全球气温(上)及距平(下)分布图(单位:℃)

2.1.2 中国气温

2017 年夏季，全国平均气温为 21.7 ℃，较常年同期（20.9 ℃）偏高 0.8 ℃，较 2016 年偏低 0.1 ℃（图 2.5）。从空间分布来看，全国大部地区气温偏高，其中新疆东部、内蒙古大部、黄淮东部、江淮东部、江南东北部、西北地区中东部大部、西南地区东北部等地气温偏高 1～2 ℃，新疆东部局部偏高 2～4 ℃；而新疆西部局部和广西南部局部气温偏低 0.5～1 ℃（图 2.6）。

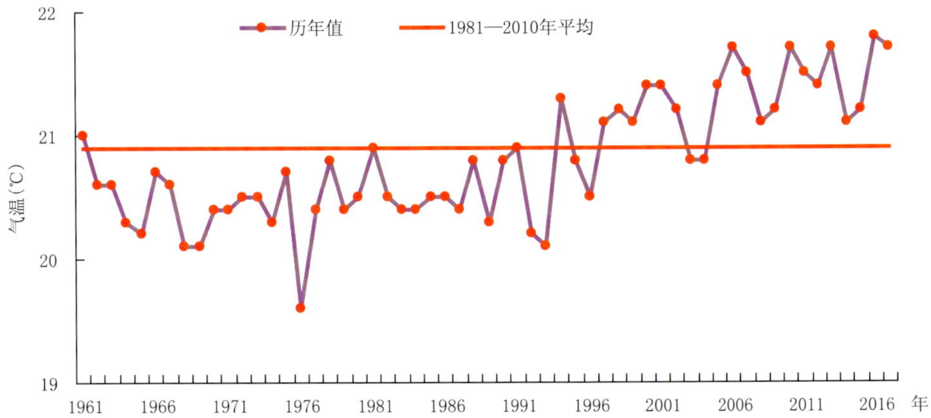

图 2.5　1961—2017 年夏季全国平均气温历年变化图

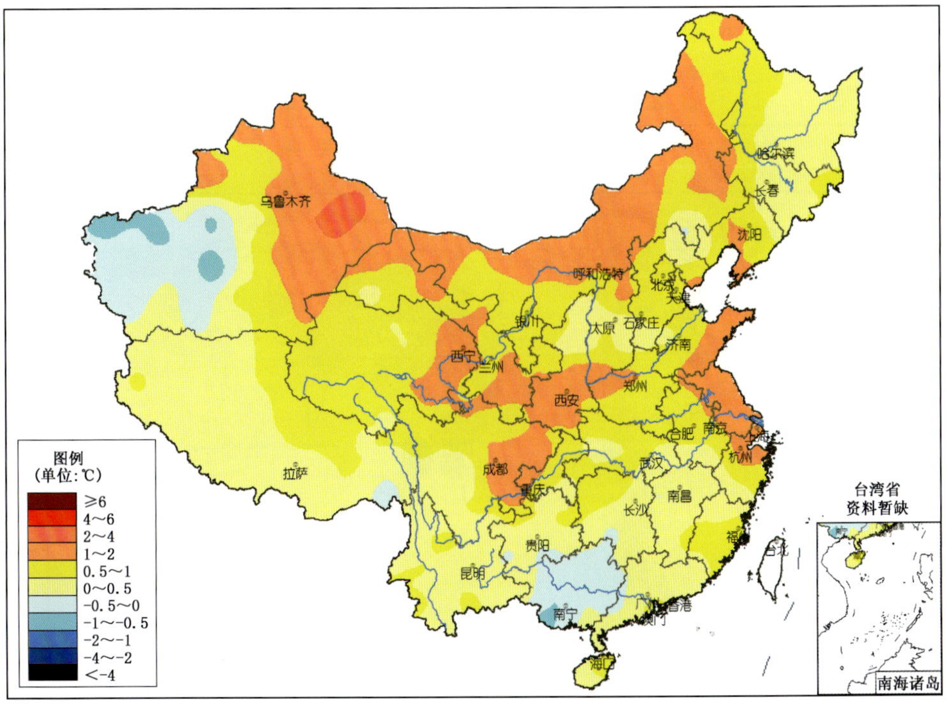

图 2.6　2017 年夏季全国平均气温距平分布图

2.2 夏季降水

2.2.1 东亚降水

2017 年夏季，东亚地区降水以偏多为主，但时空分布不均（图 2.7）。其中，中国大部和蒙古国中西部降水偏多，中国西部局部和蒙古国中西部局部地区偏多 30%以上；其余大部地区降水接近常年或偏少。季内（图 2.8～图 2.10），6 月中国大部降水偏多，7 月中国华南、西北地区和蒙古国西部降水偏多，8 月东亚总体降水偏多。

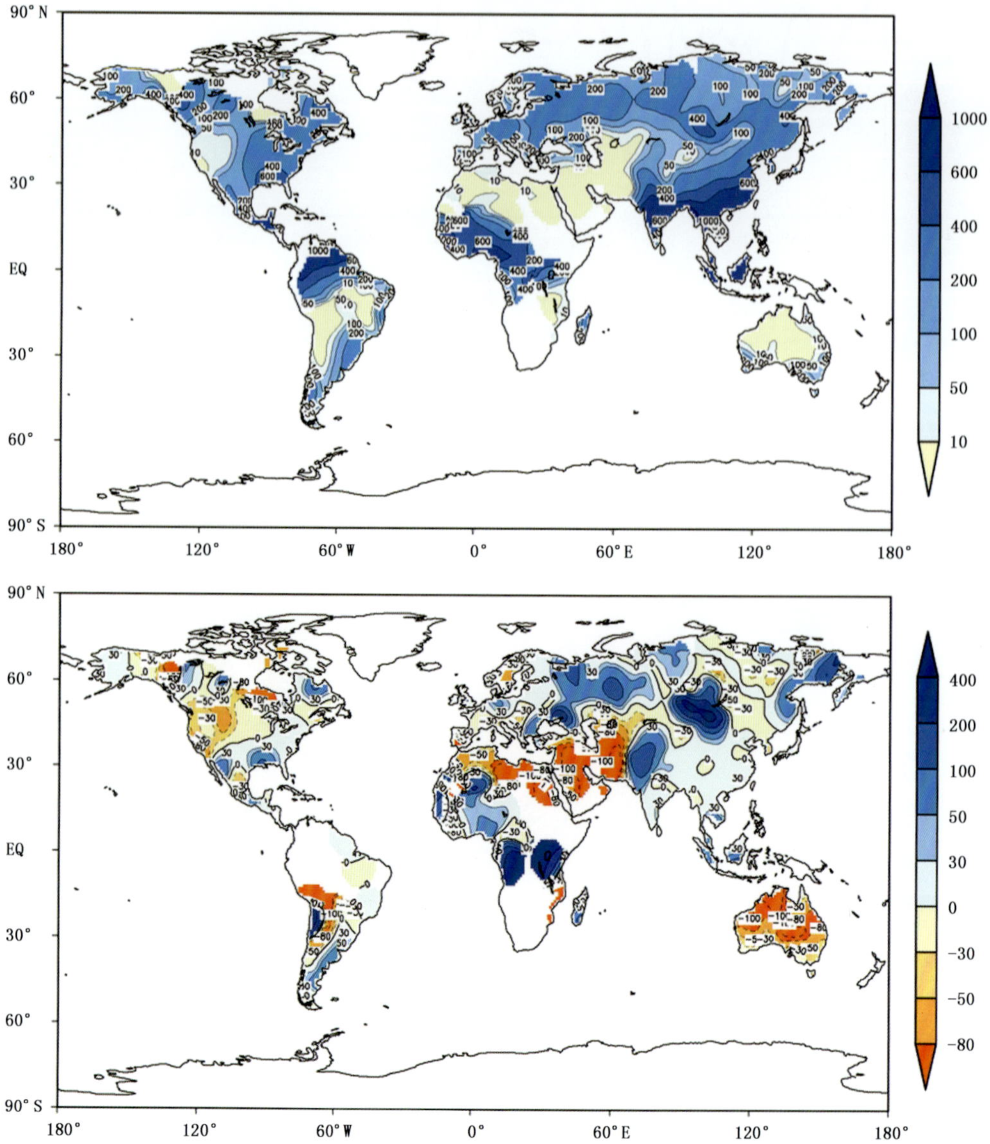

图 2.7　2017 年夏季全球降水量（上，单位：mm）及距平百分率（下，单位：%）分布图

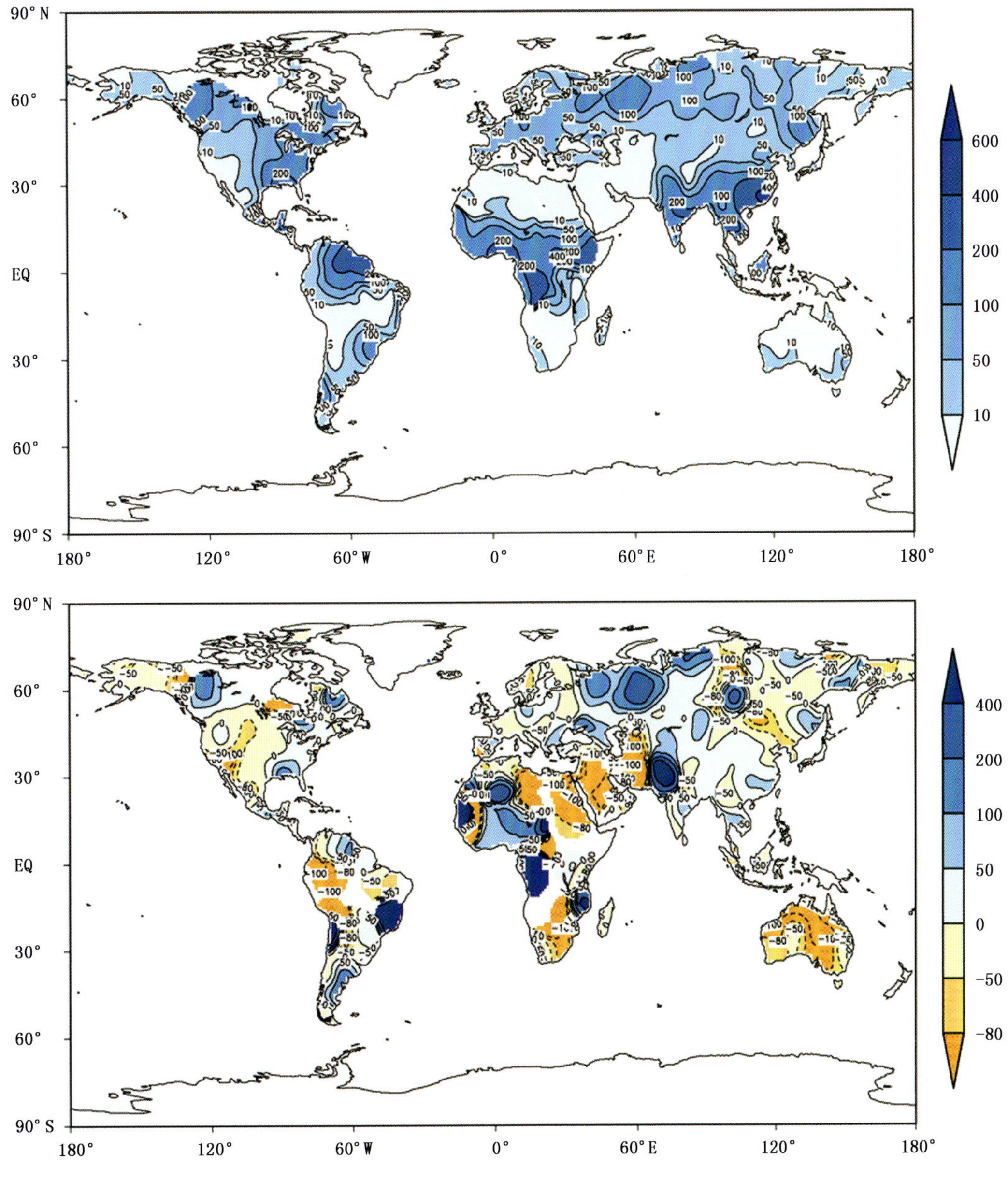

图 2.8 2017 年 6 月全球降水量(上，单位:mm)及距平百分率(下，单位:%)分布图

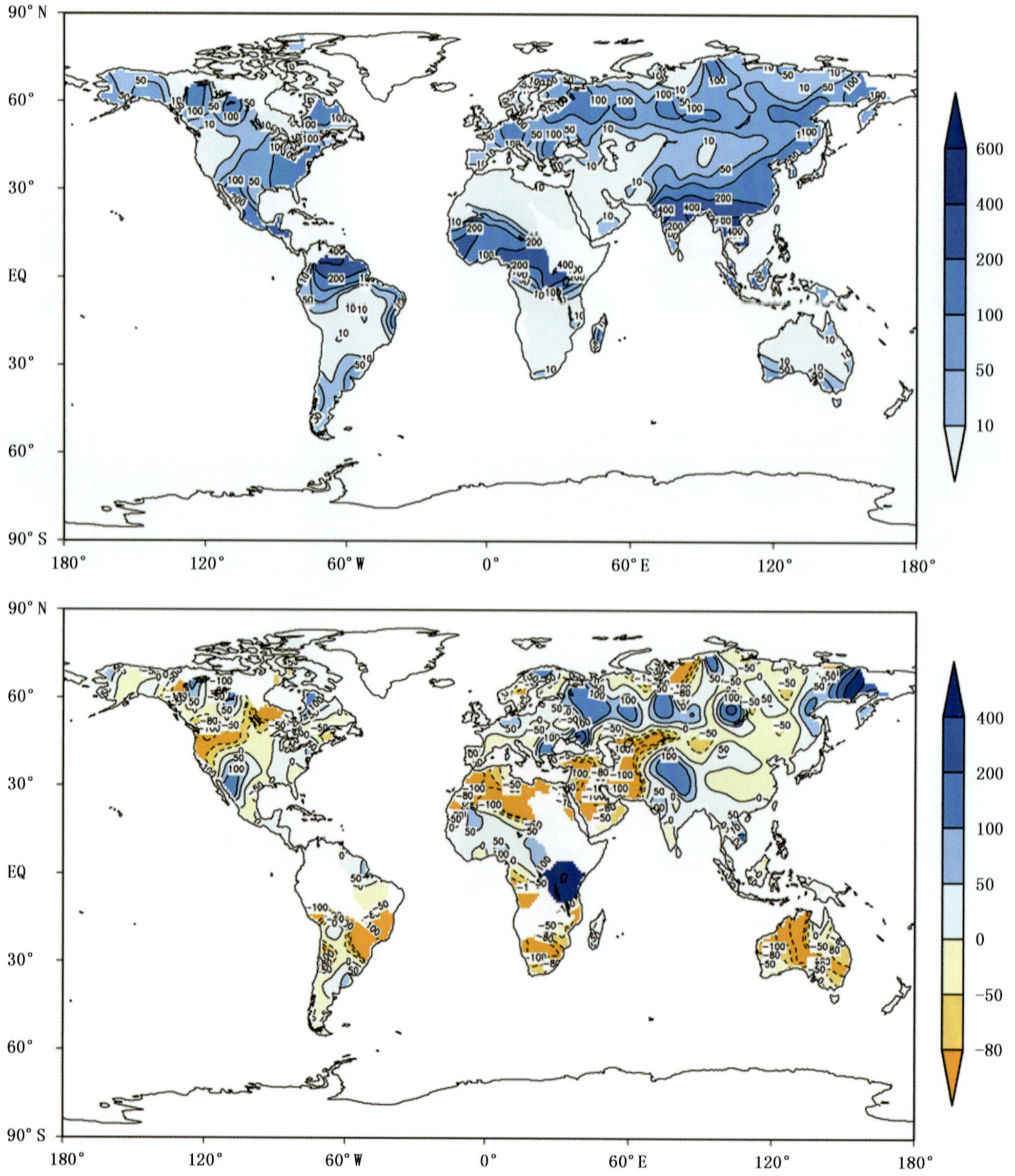

图 2.9　2017 年 7 月全球降水量(上，单位:mm)及距平百分率(下，单位:%)分布图

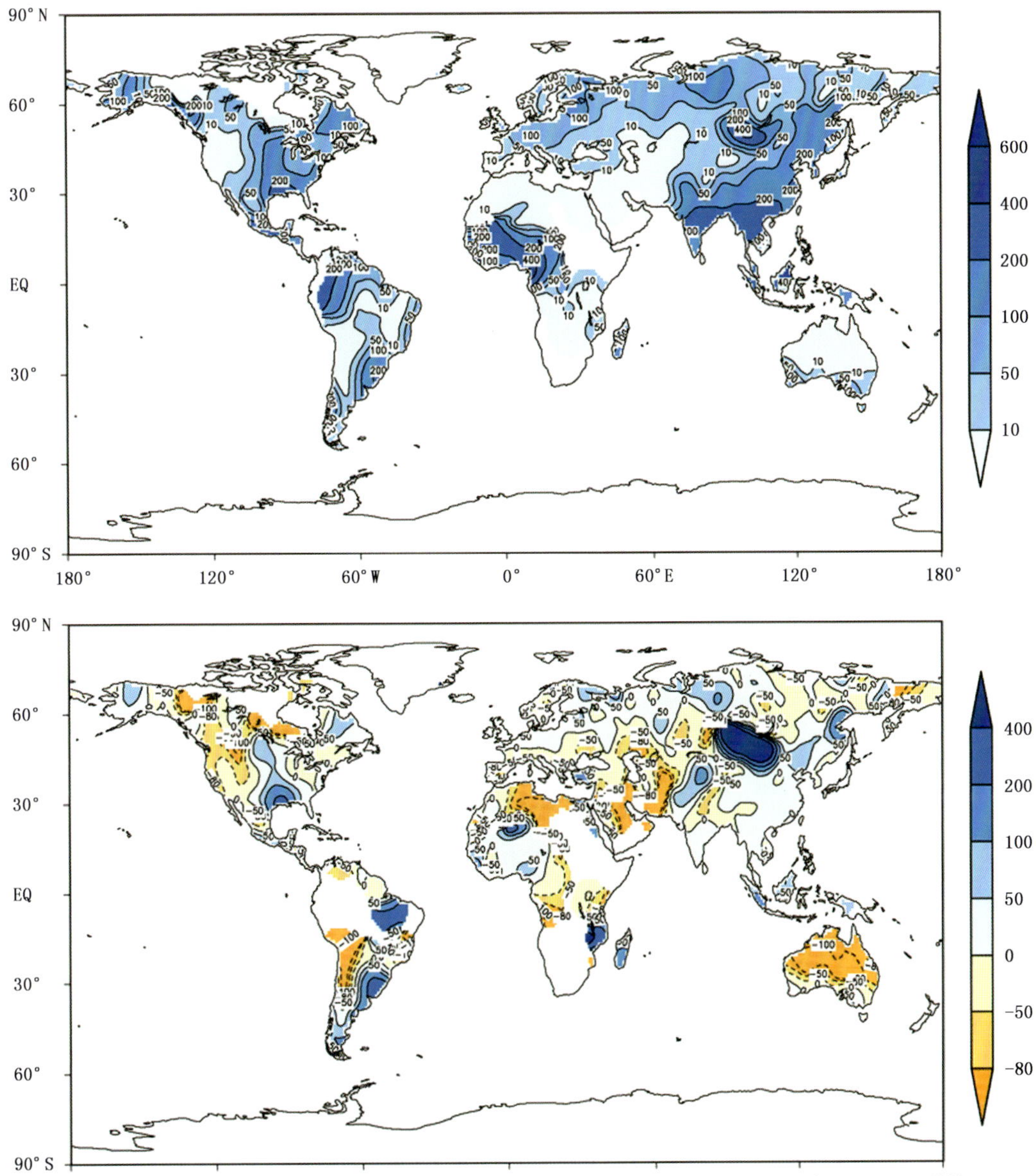

图 2.10 2017 年 8 月全球降水量(上，单位:mm)及距平百分率(下，单位:%)分布图

2.2.2 中国降水

2017 年夏季,全国平均降水量为 351.7 mm,较常年同期(325.2 mm)偏多 8.1%(图 2.11)。从空间分布来看,中国长江以南大部地区和北方大部地区降水总体呈偏多的特征,其中,新疆西部、西北地区中东部、内蒙古东南部局部、华北东部局部和西部、黄淮东部局部、江南中西部、西南地区中南部、华南西部、西藏中西部等地降水偏多 20%~50%,局部偏多 50%以上。全国其余大部地区降水接近常年同期或偏少,其中新疆东部局部、内蒙古中东部、东北东南部、江淮东部局部、黄淮西部局部、江汉东南部、西南地区东部局部等地降水偏少 20%~50%(图 2.12)。

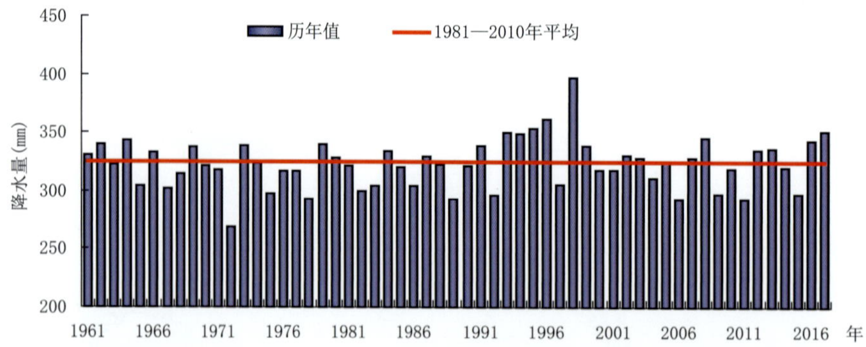

图 2.11　1961—2017 年夏季全国平均降水量历年变化图

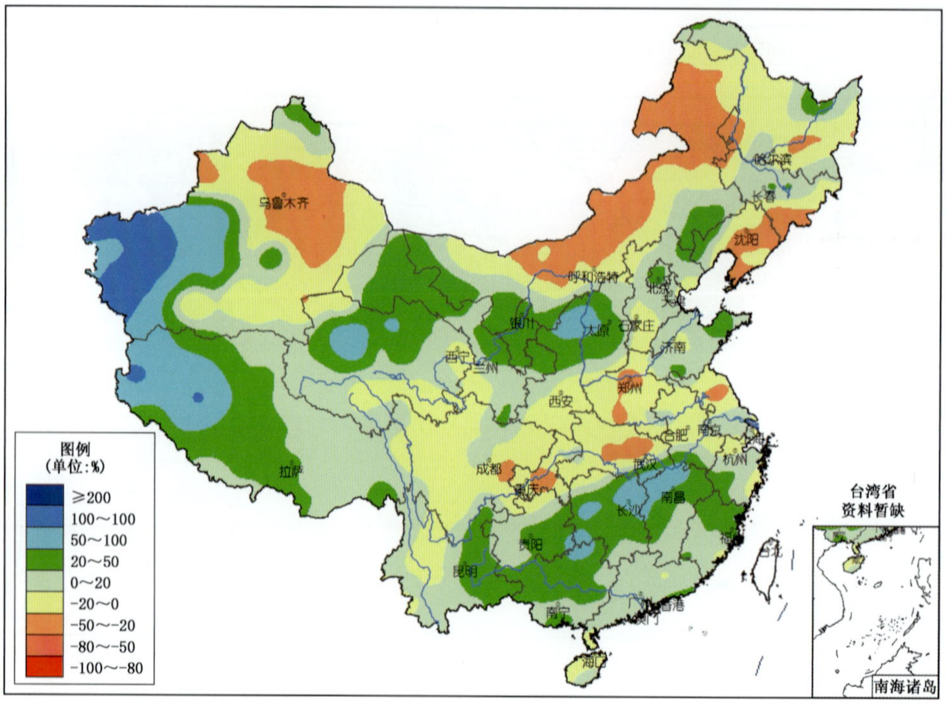

图 2.12　2017 年夏季全国降水距平百分率分布图

2.3　极端事件

2.3.1　极端高温

2017 年夏季，中国江南以及江淮大部、西北东部、西南北部及东北南部等地有 628 站发生极端高温事件（图 2.13），其中安徽长丰（40.1 ℃），甘肃庆城（39.9 ℃），江苏宜兴

(40.9 ℃)等 147 站的日最高气温达到或突破历史极大值。季内,全国共发生极端高温事件 1516 站次,是常年值(252 站次)的 6 倍(图 2.14)。

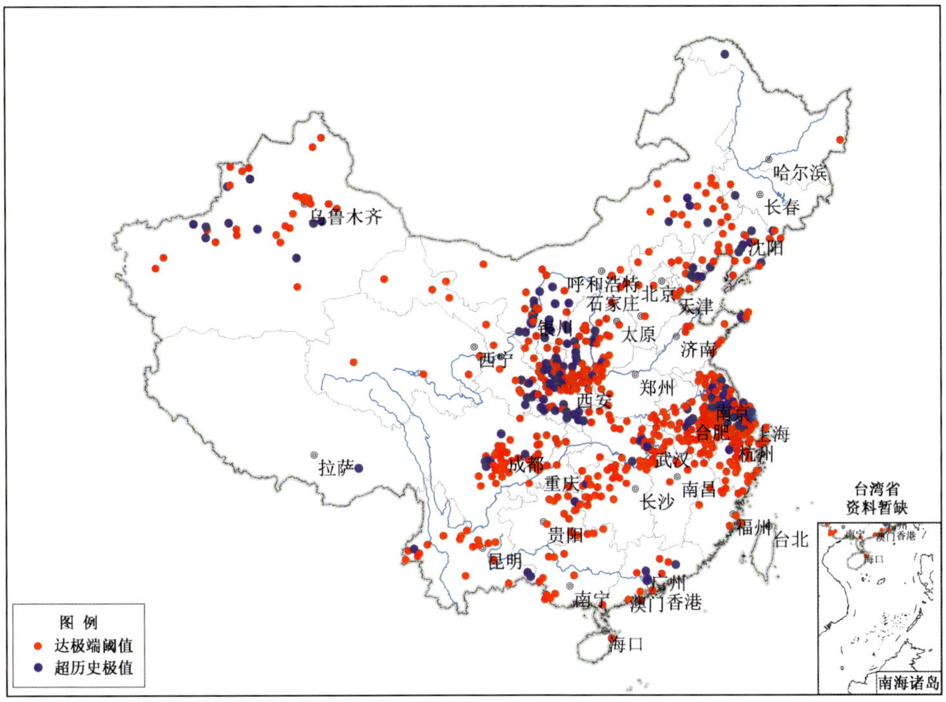

图 2.13　2017 年夏季全国极端高温事件站点分布图

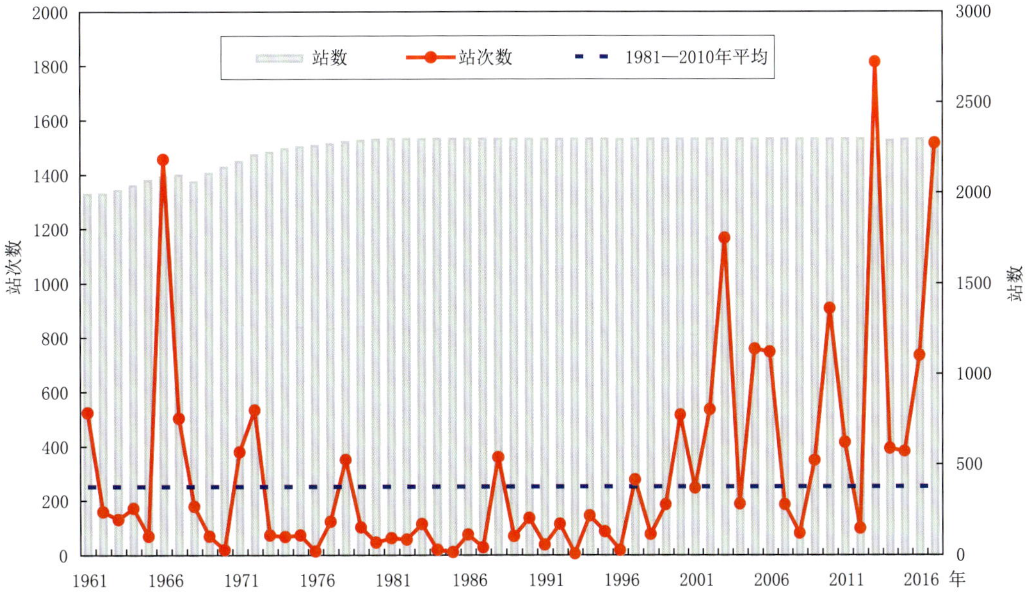

图 2.14　1961—2017 年夏季中国极端高温事件站次数的历年变化图

2.3.2 极端降水

2017 年夏季，中国东北中南部、华北、长江中下游、西北地区中部及西南地区等地有 220 站发生极端日降水量事件(图 2.15)，其中内蒙古青龙山(349.7 mm)，江苏南京(245.3 mm)、广西昭平(277.9 mm)等 31 站的日降水量达到或突破历史极大值。季内，全国共发生极端日降水量事件 239 站次，较常年值(252 站次)略偏多(图 2.16)。

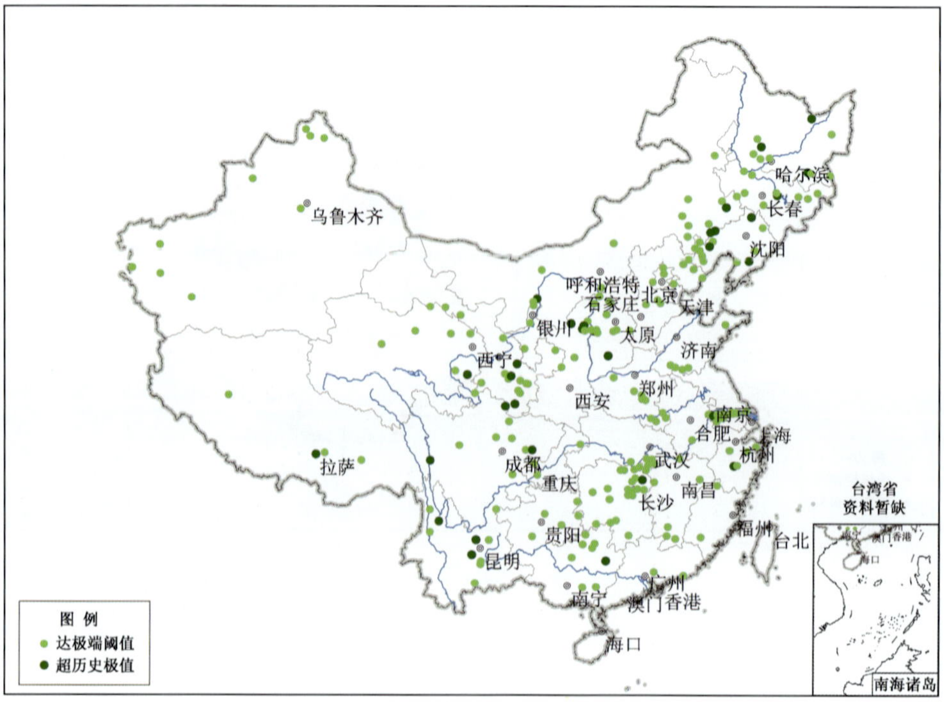

图 2.15 2017 年夏季全国发生极端日降水量事件的站点分布图

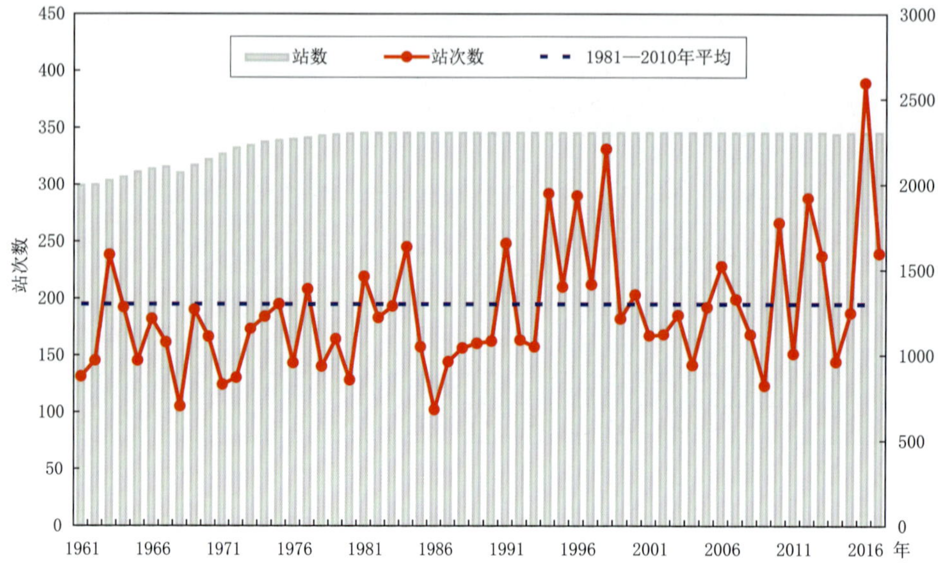

图 2.16 1961—2017 年夏季全国极端日降水量事件站次数的历年变化图

2.4 东亚夏季风环流系统

2.4.1 高低空环流系统

(1)海平面气压场

2017 年夏季，在海平面气压距平场上，西北太平洋为负距平控制，而东亚大陆海平面气压接近常年(图 2.17)。6 月，东亚大陆大部为正距平控制，西北太平洋大部为负距平，海陆气压差偏小(图 2.18)。7 月，东亚大陆大部地区仍为正距平，西北太平洋转为弱的正距平，海陆气压差偏小(图 2.19)。8 月，东亚大部由 7 月的正距平转为负距平，而西太平洋副热带地区正距平加强，海陆气压差有所加强(图 2.20)。

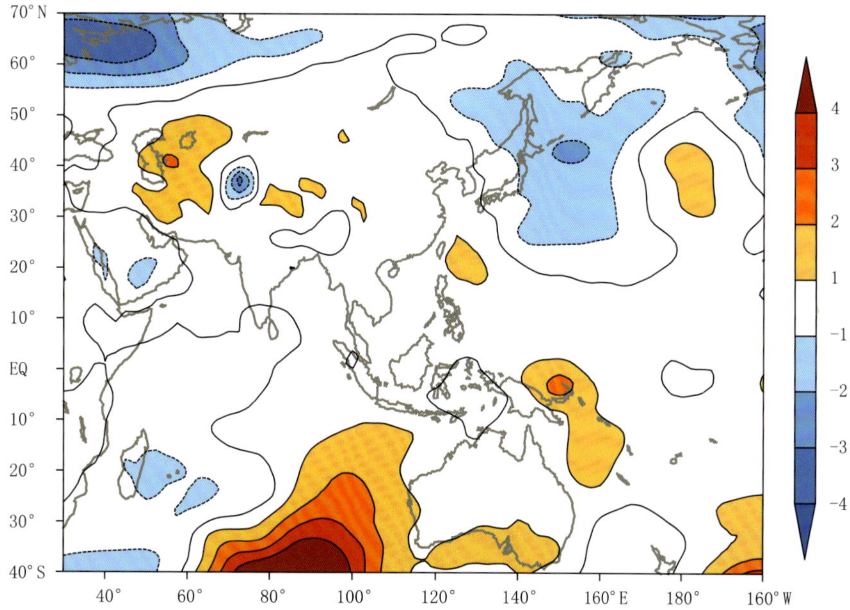

图 2.17　2017 年夏季海平面气压距平分布图(单位：hPa)

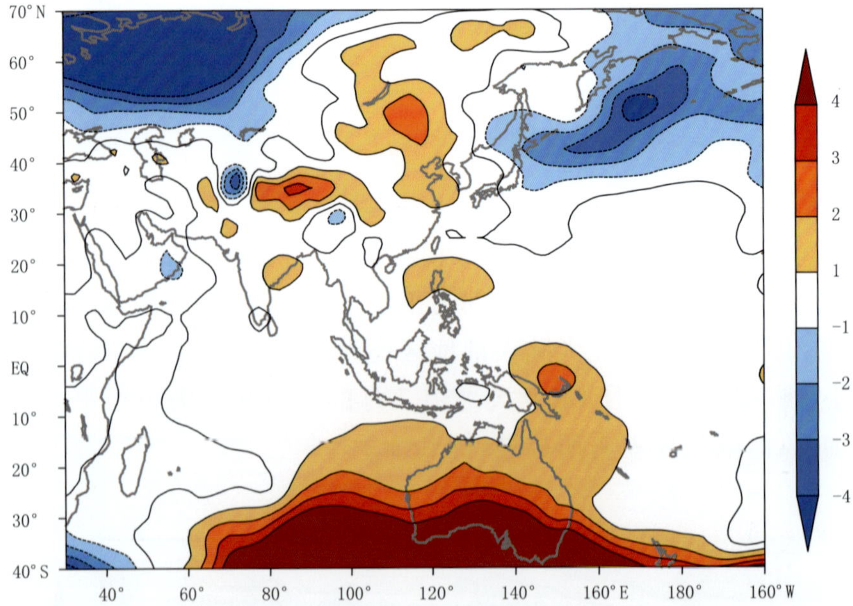

图 2.18　2017 年 6 月海平面气压距平分布图(单位:hPa)

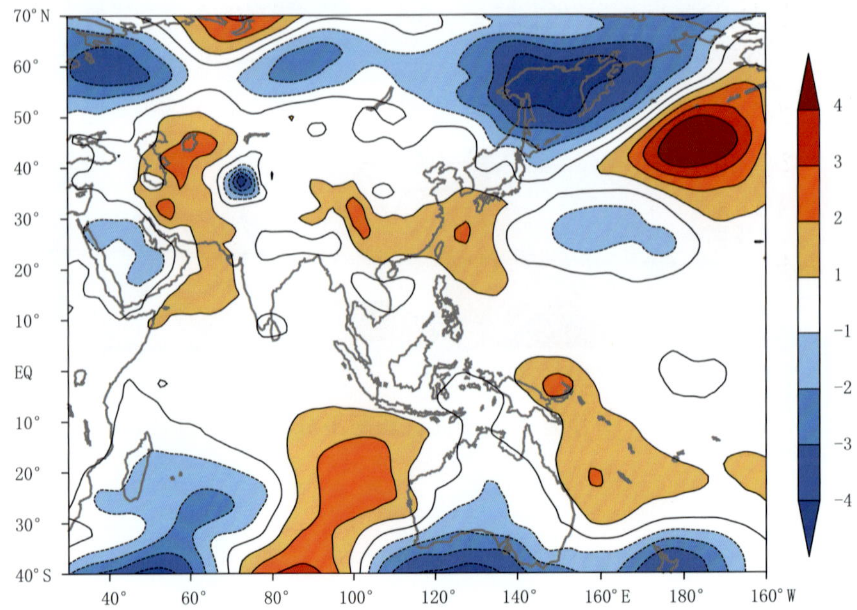

图 2.19　2017 年 7 月海平面气压距平分布图(单位:hPa)

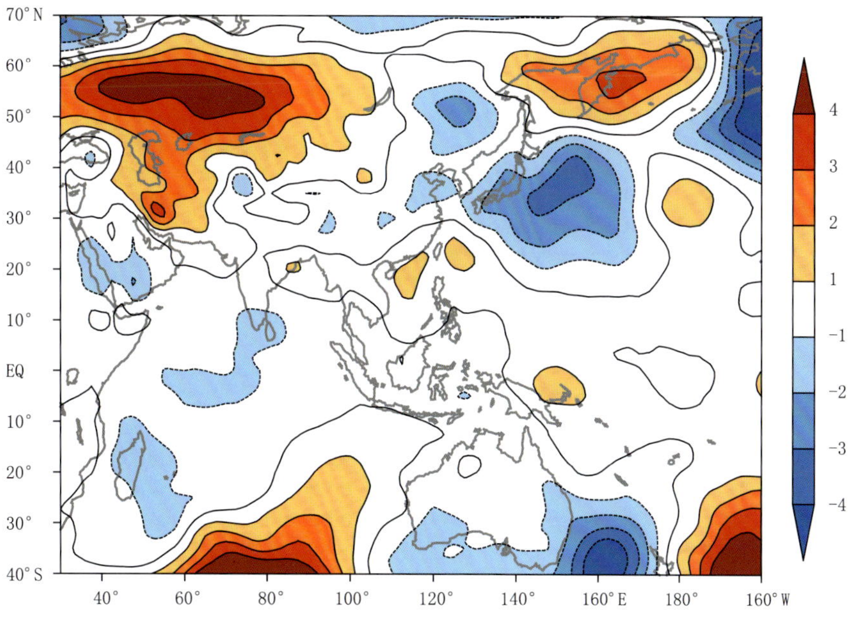

图 2.20 2017 年 8 月海平面气压距平分布图(单位:hPa)

(2)850 hPa 风场

2017 年夏季,中国黄河流域以北大部为弱的偏北风距平控制,以南为西太平洋异常反气旋西侧的西南风距平控制(图 2.21)。6 月,菲律宾群岛至我国南海地区为异常反气旋性环流控制,我国北方大部为偏北风距平控制,低层风场在江南辐合(图 2.22)。7 月,我国南海地区转为异常气旋性环流控制,台湾岛至日本岛一带地区为异常反气旋性环流控制(图 2.23)。8 月,西北太平洋至我国东南沿海转为异常反气旋性环流控制,东北亚大部为异常气旋性环流(图 2.24)。

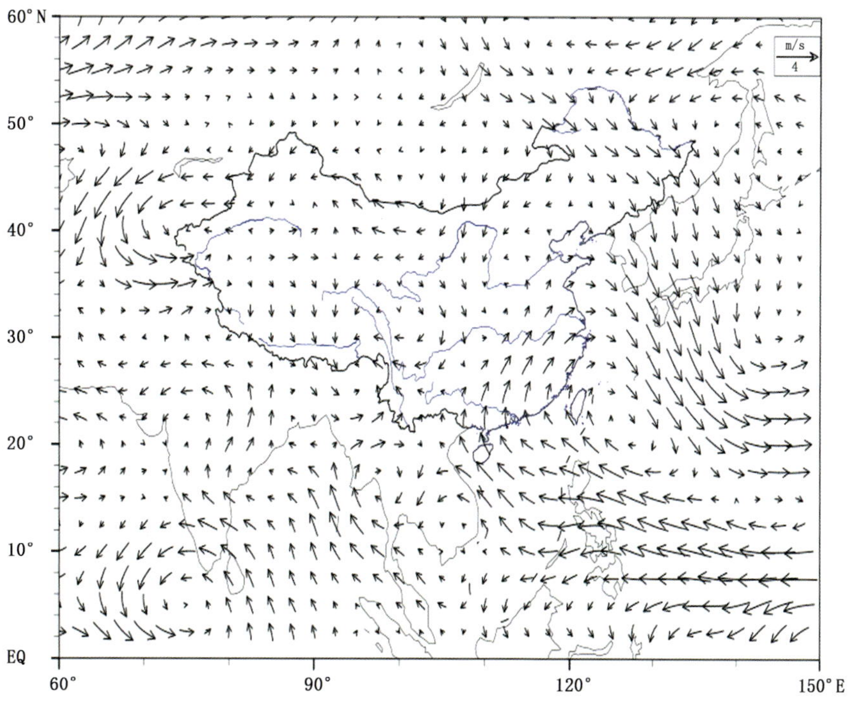

图 2.21 2017 年夏季 850 hPa 风场距平分布图(单位:m/s)

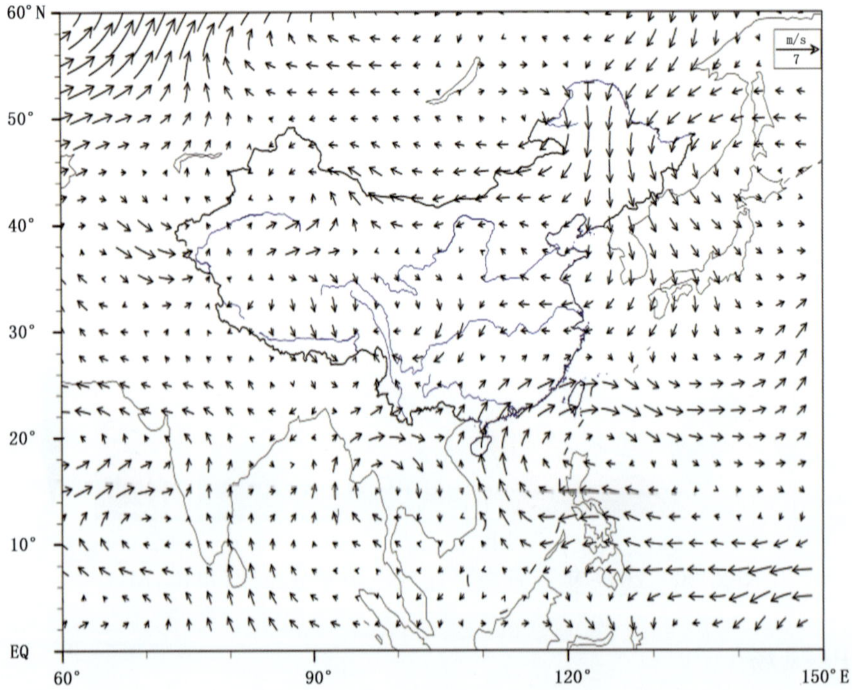

图 2.22　2017 年 6 月 850 hPa 风场距平分布图(单位:m/s)

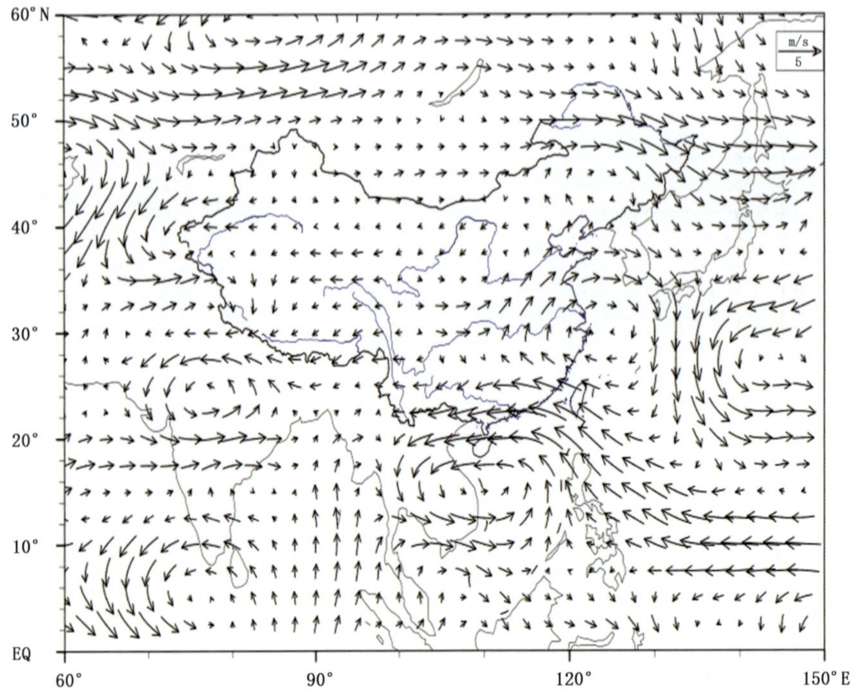

图 2.23　2017 年 7 月 850 hPa 风场距平分布图(单位:m/s)

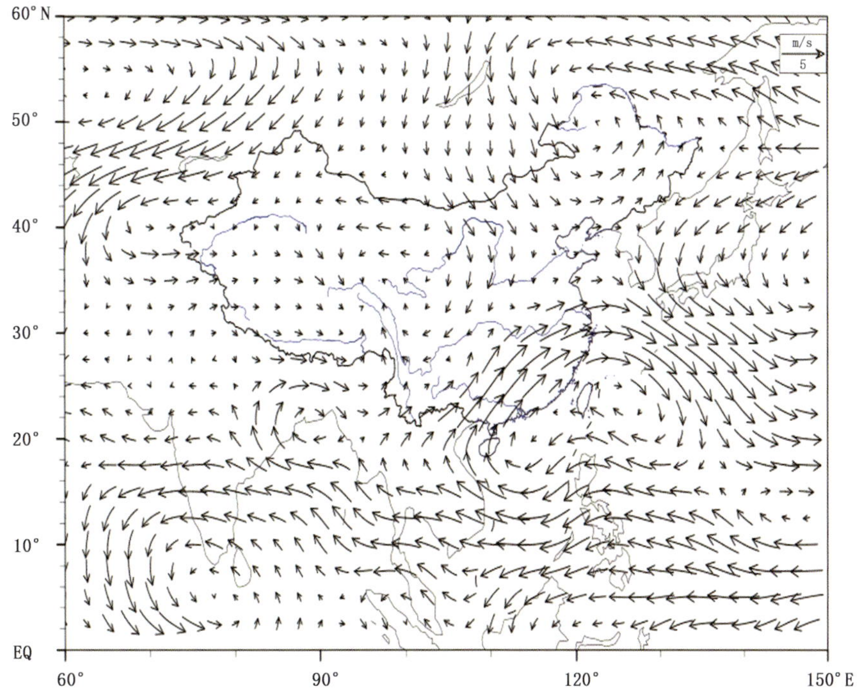

图 2.24 2017 年 8 月 850 hPa 风场距平分布图(单位:m/s)

(3)500 hPa 高度场

2017 年夏季,500 hPa 位势高度及距平场显示,欧亚中高纬度大部地区主要受正高度距平控制,正距平中心位于贝加尔湖以西。西太平洋副热带高压(以下简称西太副高)总体呈现强度偏强、西伸脊点偏西、脊线位置略偏南的特征(图 2.25)。6 月,欧亚大陆中高纬为

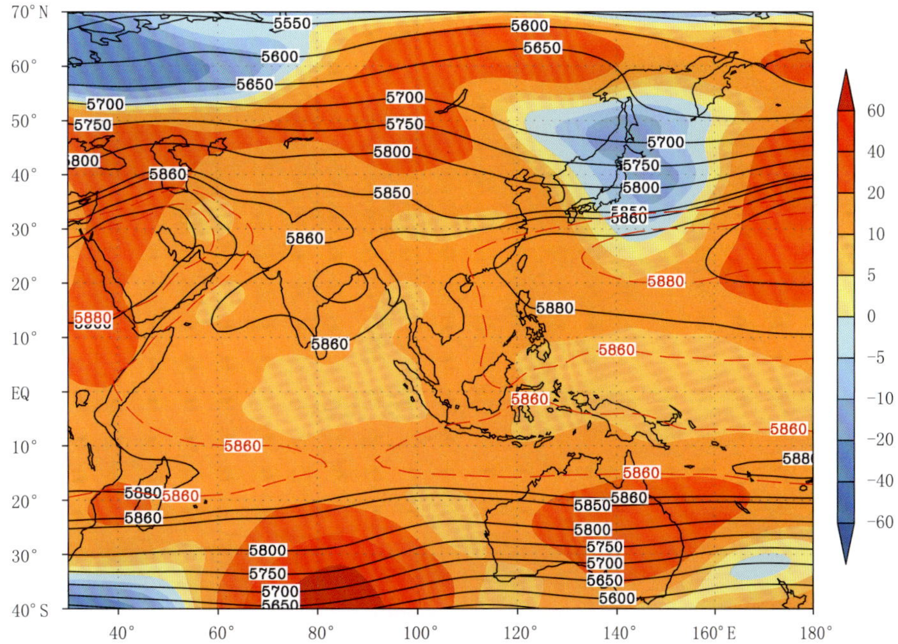

图 2.25 2017 年夏季 500 hPa 位势高度平均场(等值线)及距平(彩色阴影)分布图(单位:gpm)
(红色虚线表示气候平均的 5860 gpm 和 5880 gpm 等值线,近似代表西太副高气候平均的位置)

"两槽一脊"型，贝加尔湖高压脊偏强，乌拉尔山和鄂霍次克海高度场偏低。西太副高强度偏强、西伸脊点偏西，脊线位置偏南(图 2.26)。7 月，欧亚中高纬呈"北低南高"型，50°～70°N 高度场为负距平，50°N 以南高度场为正距平。西太副高强度偏强、西伸脊点偏西、脊线位置偏北(图 2.27)。8 月，乌拉尔山高压脊发展加强，东亚大部为低压槽控制，日本附近为高度场负距平，西太副高强度偏强、西伸脊点偏西、脊线位置偏南(图 2.28)。

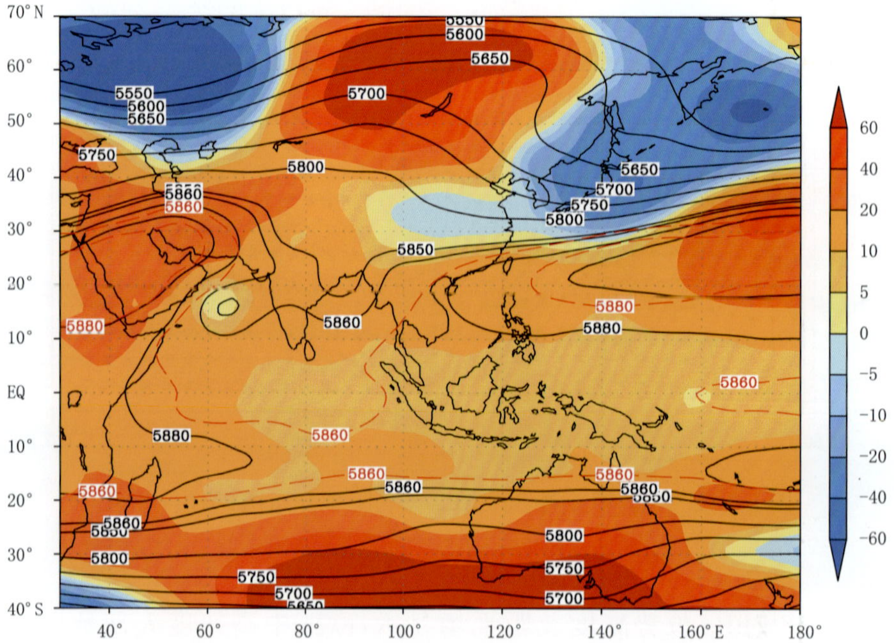

图 2.26　2017 年 6 月 500 hPa 位势高度平均场(等值线)及距平(彩色阴影)分布图(单位:gpm)
(红色虚线表示气候平均的 5860 gpm 和 5880 gpm 等值线，近似代表西太副高气候平均的位置)

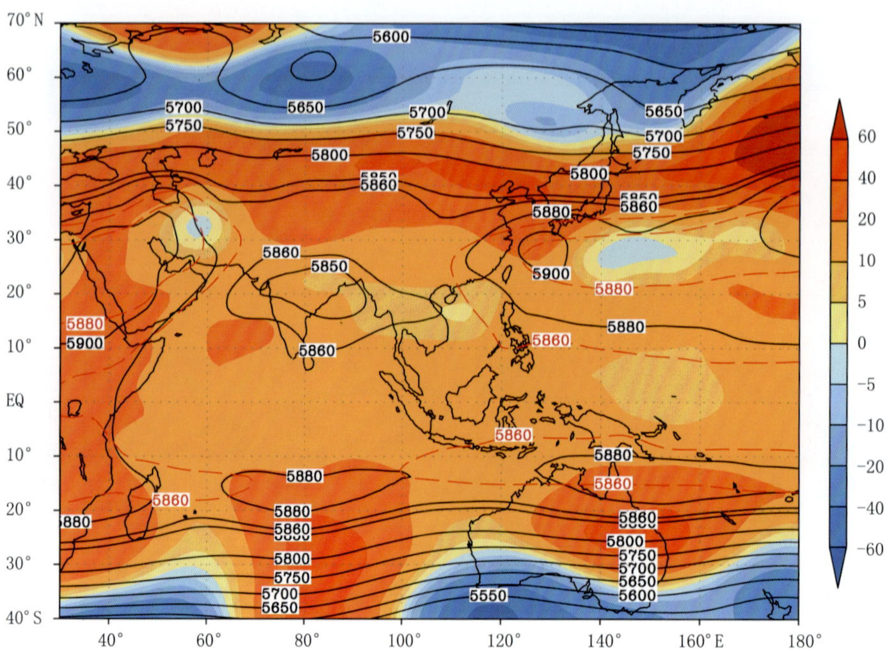

图 2.27　2017 年 7 月 500 hPa 位势高度平均场(等值线)及距平(彩色阴影)分布图(单位:gpm)
(红色虚线表示气候平均的 5860 gpm 和 5880 gpm 等值线，近似代表西太副高气候平均的位置)

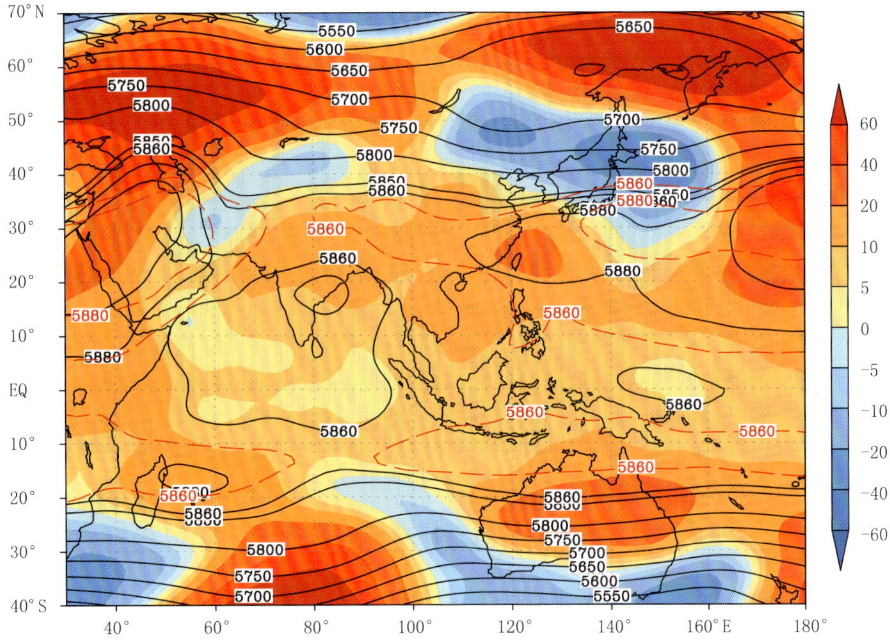

图 2.28　2017 年 8 月 500 hPa 位势高度平均场(等值线)及距平(彩色阴影)分布图(单位:gpm)(红色虚线表示气候平均的 5860 gpm 和 5880 gpm 等值线,近似代表西太副高气候平均的位置)

2.4.2　东亚夏季风系统成员

(1)澳大利亚高压

2017 年夏季,澳大利亚高压指数为 1021.1 hPa,接近常年(1020.3 hPa)(图 2.29)。

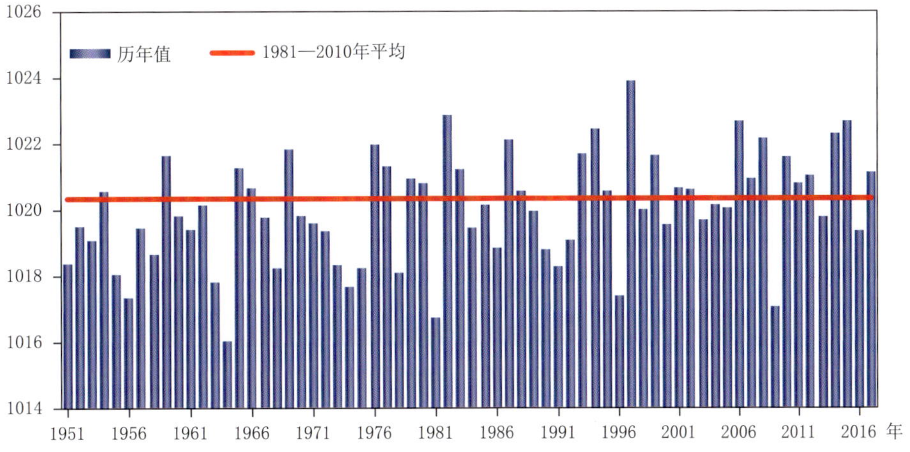

图 2.29　1951—2017 年夏季澳大利亚高压指数历年变化图(单位:hPa)

(2)马斯克林高压

2017 年夏季,马斯克林高压指数为 1023.8 hPa,接近常年(1023.5 hPa)(图 2.30)。

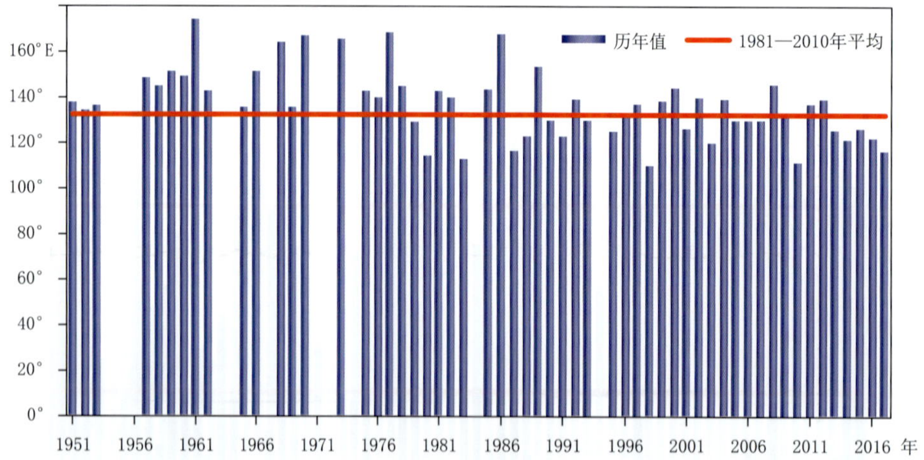

图 2.34　1951—2017 年夏季西太副高西伸脊点位置历年变化图
（无数据年份表示当年夏季西太副高西伸脊点监测区内没有副高体）

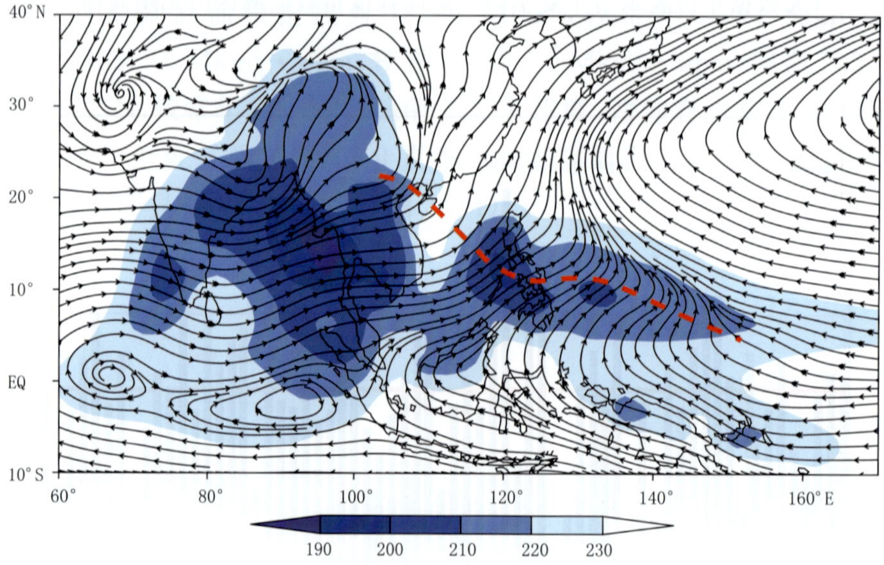

图 2.35　1981—2010 年夏季气候平均 850 hPa 平均风场（流线，单位：m/s）和 OLR（彩色阴影，单位：W/m^2）分布图（粗虚线为辐合带所在位置）

2017 年夏季，热带辐合带主要局限在 100°～130°E 范围（图 2.36），从西北太平洋地区热带辐合带对流异常强度指数看，2017 年为 225.9 W/m^2，较常年（220.9 W/m^2）略偏高，表明热带辐合带强度偏小，辐合带内对流活动较弱（图 2.37）。

（5）越赤道气流

1）索马里越赤道气流

2017 年夏季，索马里越赤道气流强度指数为 9.6 m/s，较常年（9.3 m/s）偏大 0.3 m/s（图 2.38）。

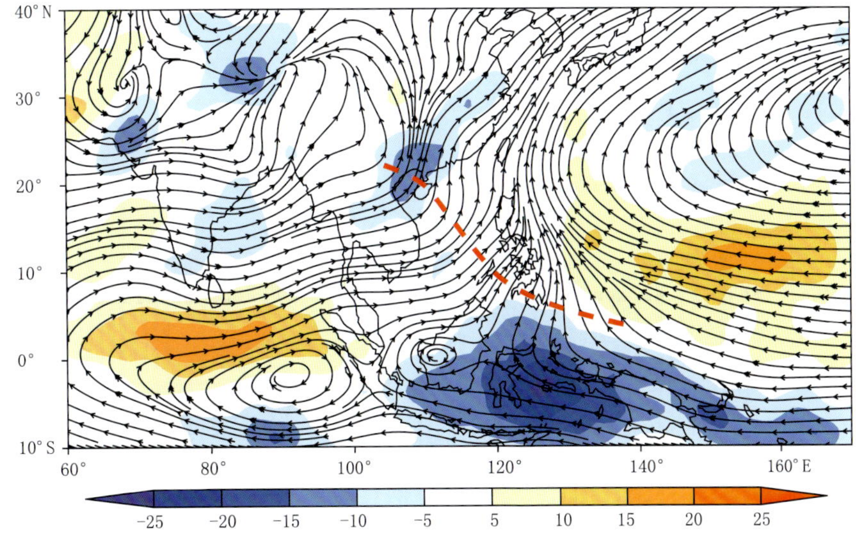

图 2.36　2017 年夏季 850 hPa 平均风场（流线，单位：m/s）和 OLR 距平（彩色阴影，单位：W/m^2）分布图（红色虚线表示辐合带所在位置）

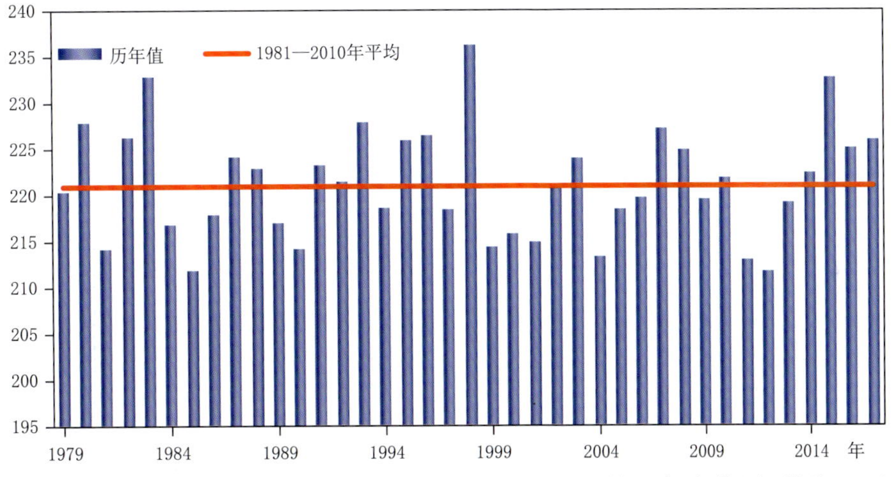

图 2.37　1979—2017 年夏季西北太平洋 ITCZ 强度指数历年变化图（单位：W/m^2）（指数小于气候值表示强度偏强）

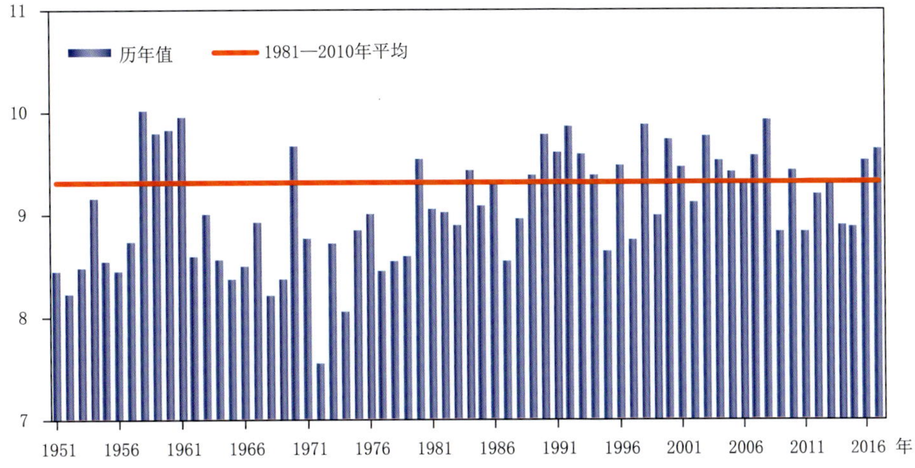

图 2.38　1951—2017 年夏季索马里越赤道气流强度指数历年变化图（单位：m/s）

2)孟加拉湾越赤道气流

2017 年夏季,孟加拉湾越赤道气流强度指数为 1.9 m/s,较常年(1.1 m/s)偏大 0.8 m/s(图 2.39)。

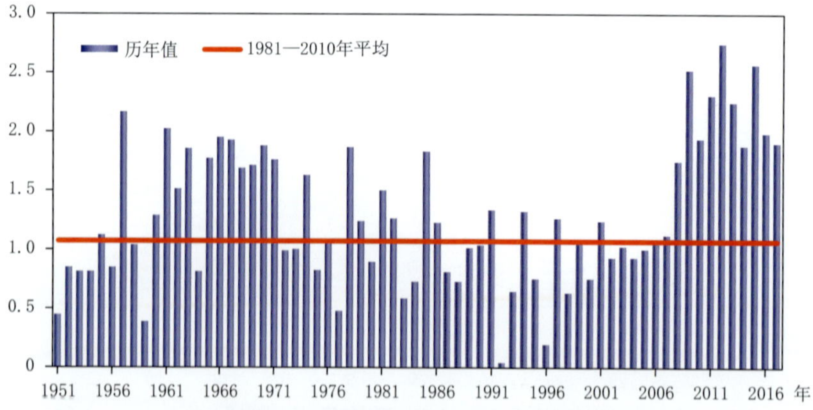

图 2.39　1951—2017 年夏季孟加拉湾越赤道气流强度指数历年变化图(单位:m/s)

3)南海越赤道气流

2017 年夏季,南海越赤道气流强度指数为 1.6 m/s,与常年(1.6 m/s)持平(图 2.40)。

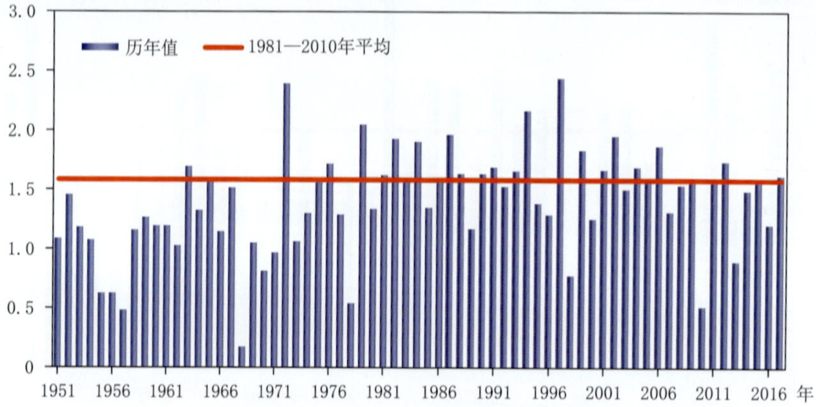

图 2.40　1951—2017 年夏季南海越赤道气流强度指数历年变化图(单位:m/s)

4)菲律宾越赤道气流

2017 年夏季,菲律宾越赤道气流强度指数为 2.0 m/s,较常年(2.4 m/s)偏小 0.4 m/s(图 2.41)。

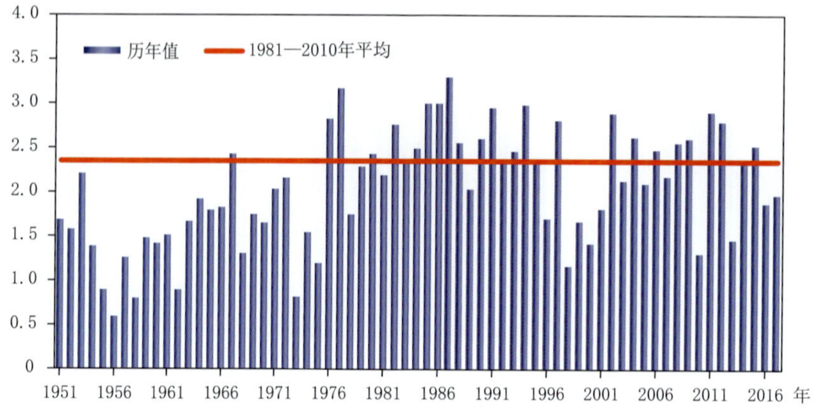

图 2.41　1951—2017 年夏季菲律宾越赤道气流强度指数历年变化图(单位:m/s)

(6)南亚高压

2017 年夏季，南亚高压的强度偏强，中心位置略偏西(图 2.42)，南亚高压强度指数为 86.0 dagpm，较常年(83.8 dagpm)偏大 2.2 dagpm(图 2.43)。

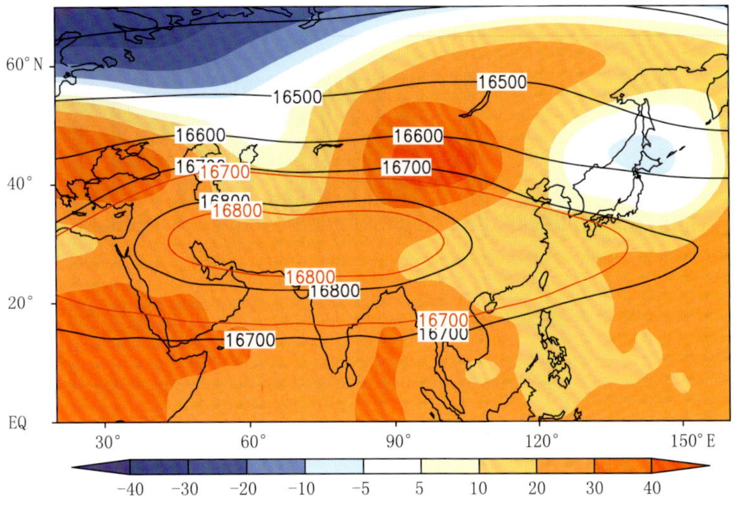

图 2.42 2017 年夏季 100 hPa 高度场(等值线)和距平(彩色阴影)分布图(单位：gpm)
(红色实线表示气候平均的 16800 gpm 和 16750 gpm 等值线，近似代表南亚高压气候平均位置)

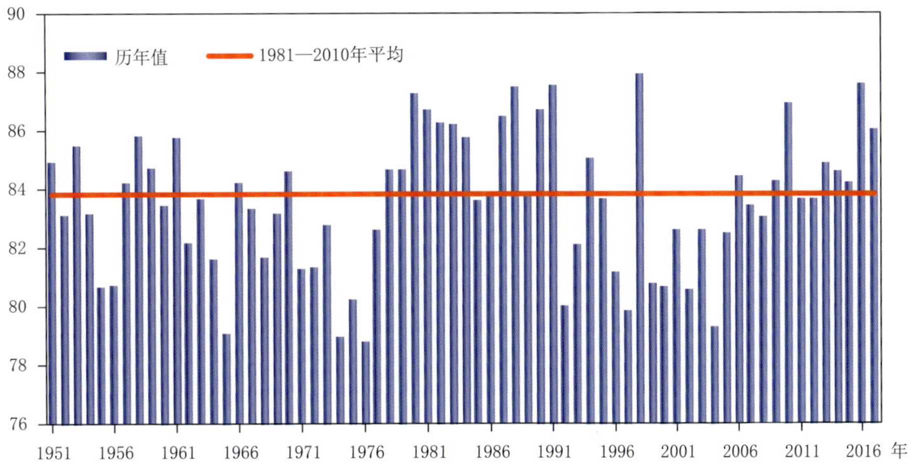

图 2.43 1951—2017 年夏季南亚高压强度指数历年变化图(单位：dagpm)

(7)东亚副热带西风急流

2017 年夏季，东亚副热带西风急流强度指数为 0.04 $Mkm^2 \cdot m/s$，较常年(3.08 $Mkm^2 \cdot m/s$)偏小 3.04 $Mkm^2 \cdot m/s$，急流强度异常偏弱(图 2.44)；急流中心位于 41.5°N，较常年(40.5°N)偏北 1.0 个纬度(图 2.45)。

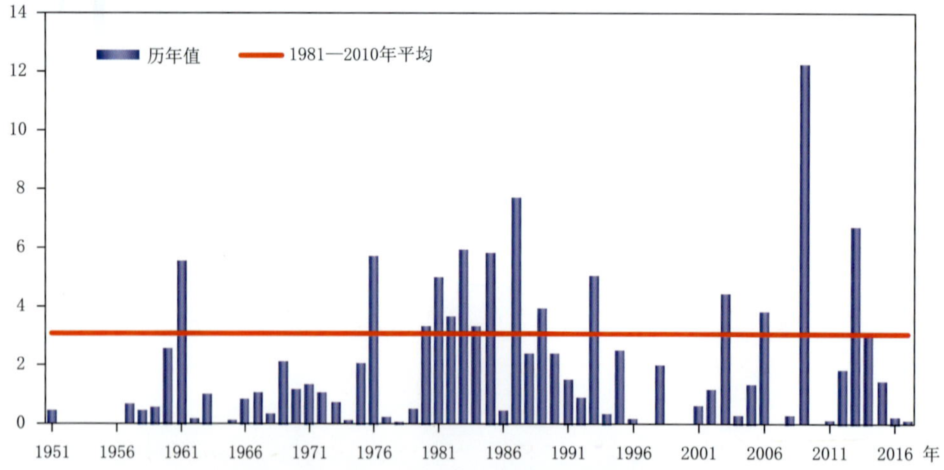

图 2.44　1951—2017 年夏季东亚副热带西风急流强度指数历年变化图(单位:$Mkm^2 \cdot m/s$)

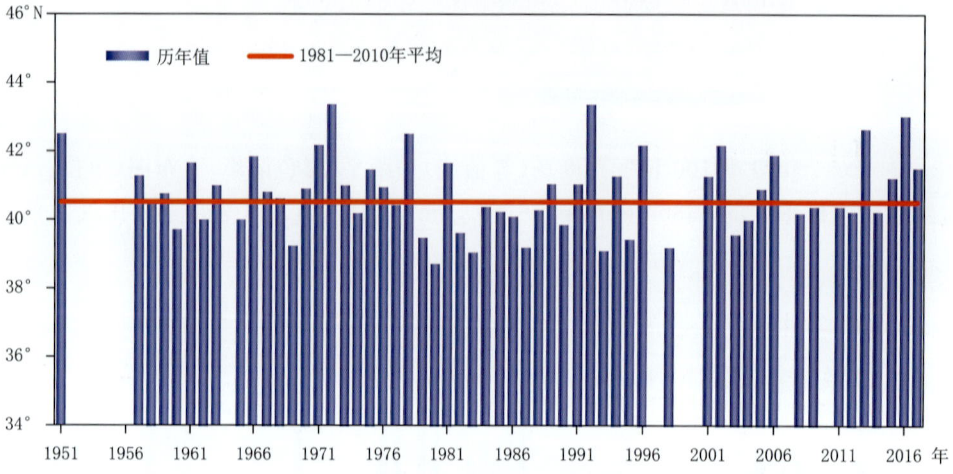

图 2.45　1951—2017 年夏季东亚副热带西风急流中心纬向位置历年变化图

2.5　东亚热带夏季风

2.5.1　热带季风推进过程

一般判别季风爆发条件需要考虑三个主要因素:候平均纬向风盛行西风;候平均大气射出长波辐射值(OLR)低于 230 W/m;候平均降水量超过 6 mm/d。2017 年,亚洲热带季风最早于全年第 26 候(5 月第 2 候))在赤道印度洋地区建立,然后分为西北及东北两个主要方向推进;至 5 月第 4 候热带夏季风向东北方向推进到中国南海中部,标志着该地区进入热带夏季风的爆发状态,较常年(5 月第 5 候)略偏早;热带夏季风西北向推进的前沿于全年第 27 候(5 月第 3 候)抵达孟加拉湾,较常年(5 月 20 日)偏早,并于 5 月 30 日(第 30 候(5 月 26—31 日))抵达印度喀拉拉邦,较常年偏早两天(图 2.46)。

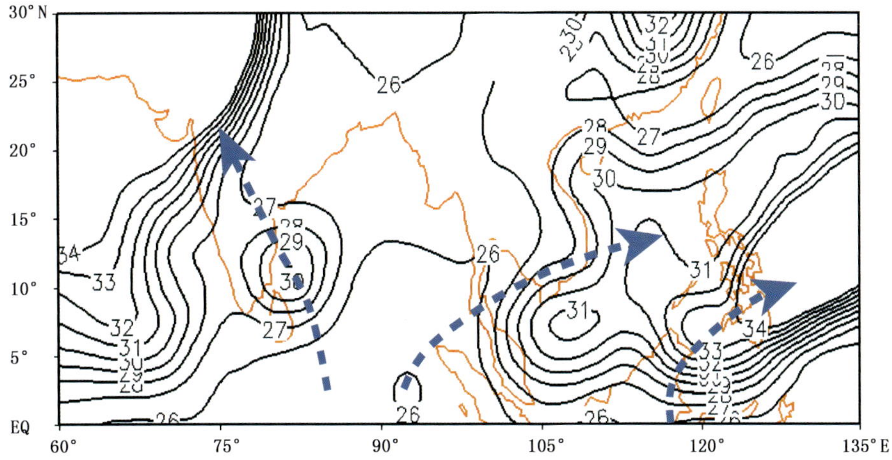

图 2.46 2017 年亚洲热带夏季风前沿推进示意图
（单位：候；图中箭头表示季风推进的方向）

2.5.2 南海夏季风爆发

2017 年 5 月第 4 候，来自热带印度洋的西南季风已经推进至中国南海地区，从索马里经赤道印度洋、孟加拉湾、中南半岛至南海地区的西南暖湿水汽通道也已经基本建立。中国南海中南部地区为由西风控制的主要水汽辐合区（图略）。从监测指标看，自 5 月第 4 候起南海季风监测地区（10°～20°N，110°～120°E）连续 4 候 850 hPa 上空维持西风，且平均假相当位温超过 340 K（图 2.47）。因此，2017 年南海夏季风于 5 月第 4 候爆发，爆发时间较常年时间（5 月第 5 候）偏早 1 候（图 2.48）。

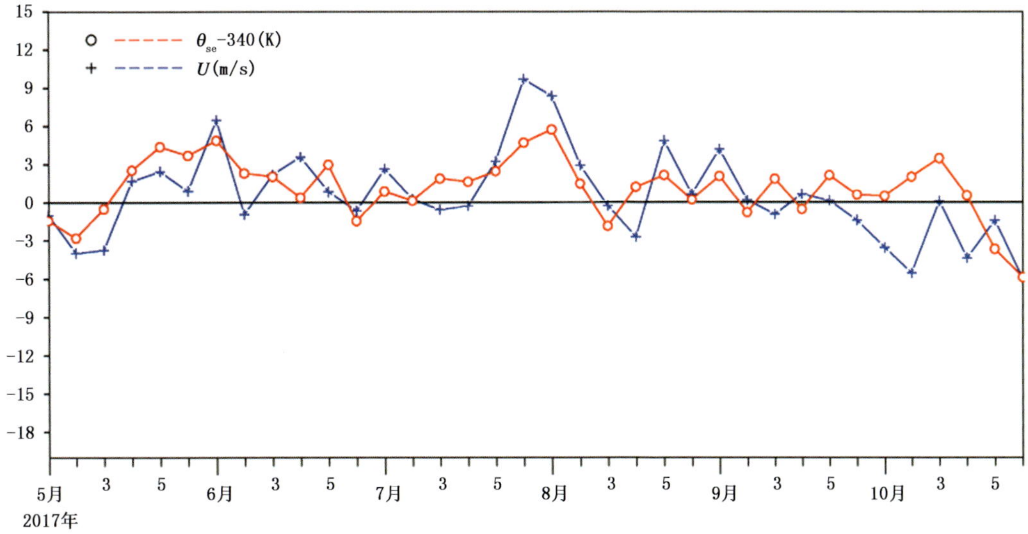

图 2.47 2017 年南海夏季风监测区（10°～20°N，110°～120°E）平均纬向风（单位：m/s）和假相当位温（单位：K）逐候演变图

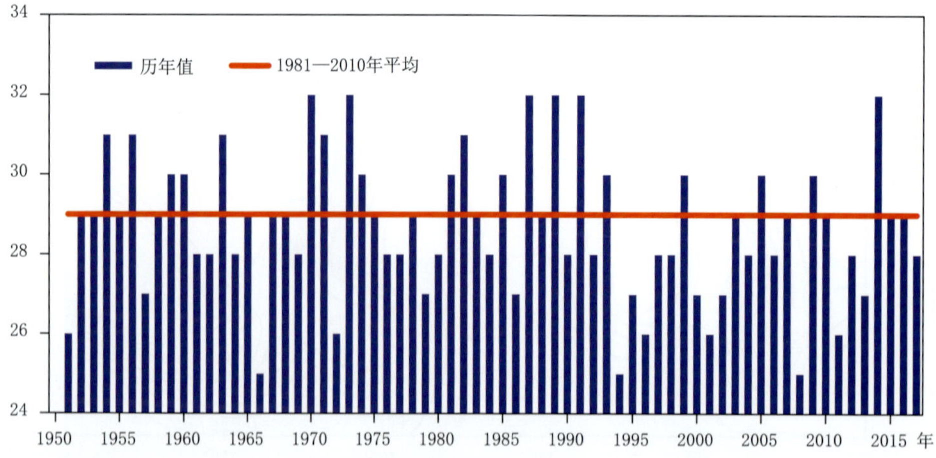

图 2.48　1951—2017 年南海夏季风爆发时间历年变化图(单位:候)

2.5.3　南海夏季风结束

2017 年 10 月第 5 候,表征南海夏季风的两个重要监测指标开始稳定地下降到临界值以下,即监测区(10°~20°N,110°~120°E)内假相当位温降到临界值(340 K)之下,纬向风已由西风转为东风。从环流场上来看,对流层低层 (850 hPa),经索马里转向的西南季风气流明显减弱撤出中国南海地区,东北气流开始稳定地占据南海上空。与此同时,西太平洋副热带高压出现明显南撤。对流层高层(200 hPa),南亚高压逐渐向东、向南移到西北太平洋上空(图略)。

综合分析以上大气环流形势可以发现, 2017 年南海夏季风于 10 月第 5 候结束,较常年(9 月第 6 候)偏晚 5 候(图 2.49)。

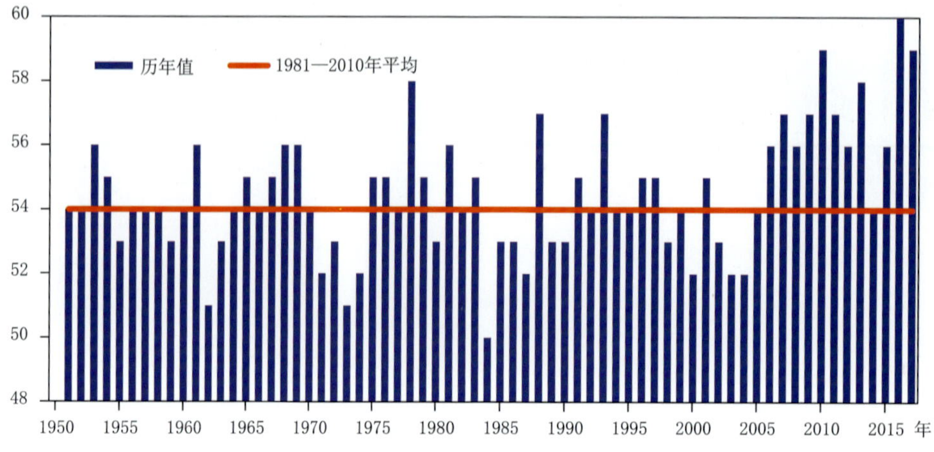

图 2.49　1951—2017 年南海夏季风结束时间历年变化图(单位:候)

2.5.4 南海夏季风强度

2017 年，南海夏季风强度指数为－1.732，强度较常年明显偏弱(图 2.50)。

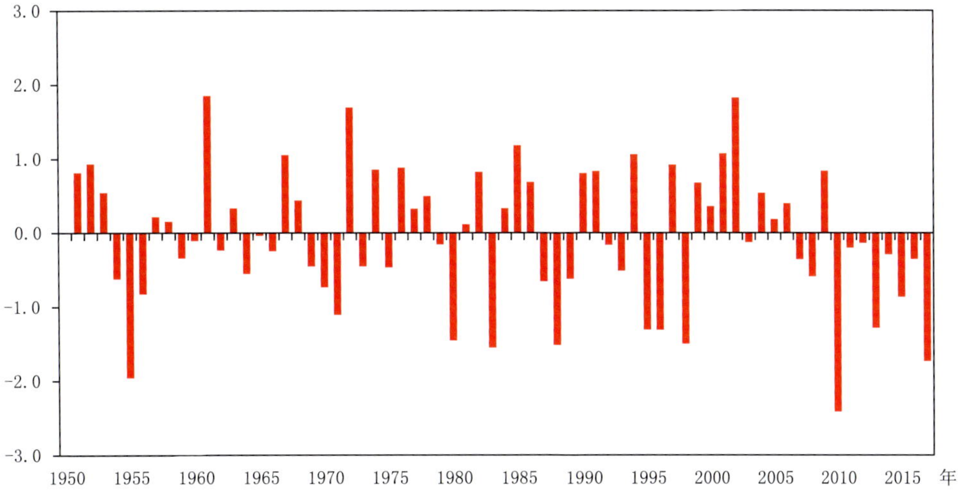

图 2.50　1951—2017 年南海夏季风强度指数历年变化图

2.6 东亚副热带夏季风

2.6.1 东亚副热带夏季风推进过程

2017 年，东亚副热带夏季风季节内阶段性特征明显。5 月第 4 候，南海夏季风爆发，随着西南夏季风的北推和西太副高北跳，东亚副热带夏季风迅速推进至我国江南地区。6 月第 5 候，东亚夏季风向北推进，季风涌向北扩张进入长江中下游地区。此后至 7 月第 3 候，西太副高出现两次明显的北跳，东亚夏季风在 7 月第 1 候推进至江淮地区，7 月第 3 候推进至华北地区。8 月第 1 候后，西太副高南落，东亚夏季风也随之逐步南撤。9 月第 1 候至 10 月第 3 候，夏季风主要维持在江南至长江中下游地区，至 10 月第 5 候，随着北方冷空气南下影响我国华南沿海和南海地区，南海地区的热力性质出现明显改变，东亚夏季风撤离南海地区(图 2.51)。

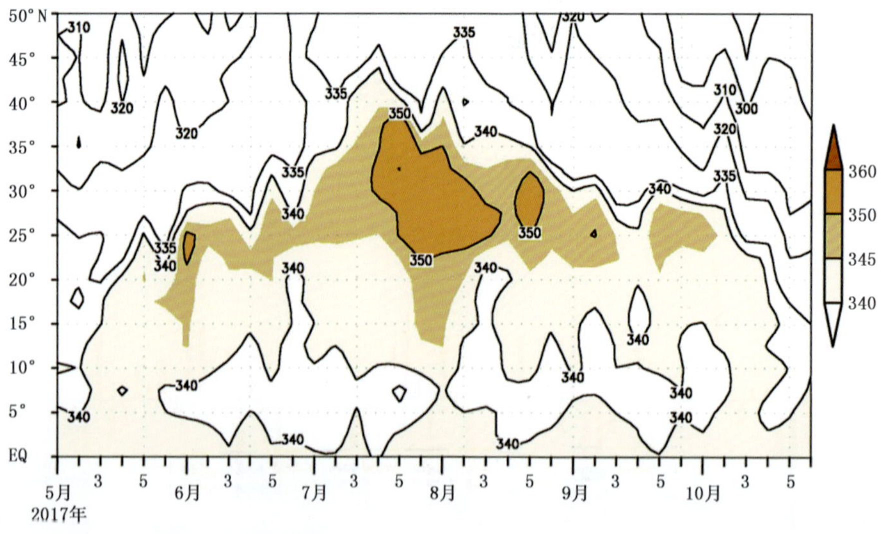

图 2.51　2017 年 5 月第 1 候至 10 月第 6 候 110°～120°E 候平均假相当位温纬度—时间剖面图(单位:K)

2.6.2　东亚副热带夏季风强度

2017 年东亚副热带夏季风平均强度指数为－1.12,较常年偏弱(图 2.52)。

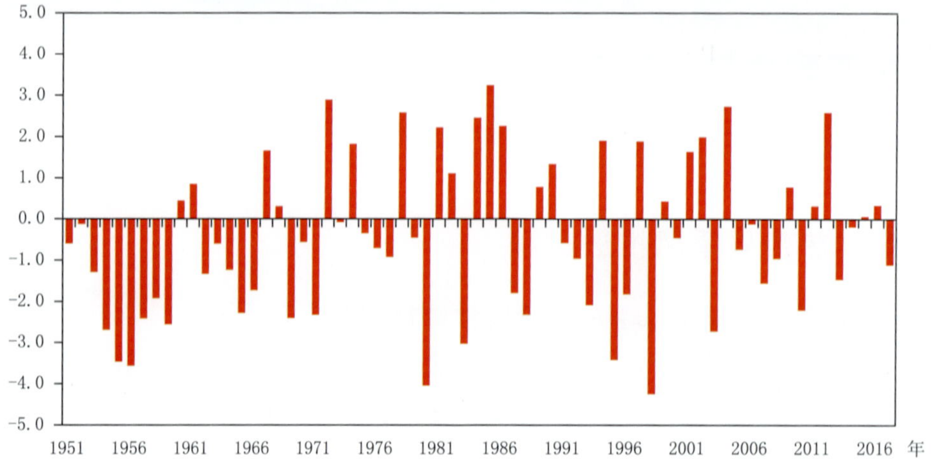

图 2.52　1951—2017 年东亚副热带夏季风强度指数的历年变化图

2.7　季节内振荡

2017 年夏季,东亚地区 30～60 d 季节内振荡(ISO)经向传播变化特征明显(图 2.53)。5 月第 4 候,ISO 由负位相转为正位相,在南海地区上空传播,即南海地区上空处于 ISO 发展位相控制,南海夏季风爆发。随后, ISO 发展位相传播至长江及其以北地区,江南、长江中下游和江淮地区相继入梅。ISO 负位相在 7 月上中旬控制梅雨区，使得 2017 年梅雨雨量较常年明显偏少。7—8 月，由于没有活跃的 ISO 传播到 35°N 及其以北地区，使得华北雨季降水量较常年偏少。

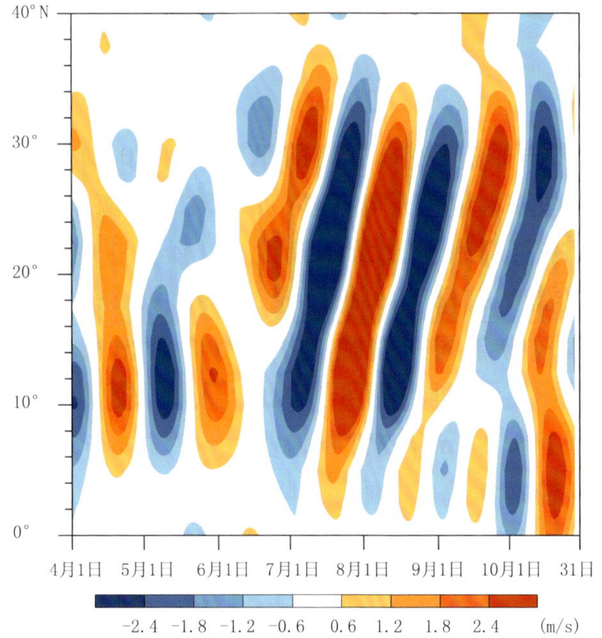

图 2.53　2017 年 110°～120°E 范围平均的 30～60 d 滤波 850 hPa 纬向风时间—纬度演变图

3.3.2 环流特征

梅雨期间，在北半球 500 hPa 高度距平场上（图 3.7），西太平洋副热带高压显著偏强、偏大、西伸脊点偏西，有利于西南低空急流发生频数偏多、强度偏强，引导来自孟加拉湾和南海的水汽向我国长江中下游地区输送。同时，贝加尔湖及其周边地区主要受高空脊控制，引导冷空气南下至我国南方地区，有利于冷暖气流在梅雨区频繁交汇。在这种环流形势影响下，在整层水汽积分场上（图略），我国江南地区为显著的水汽辐合区，有利于梅雨雨量偏多。

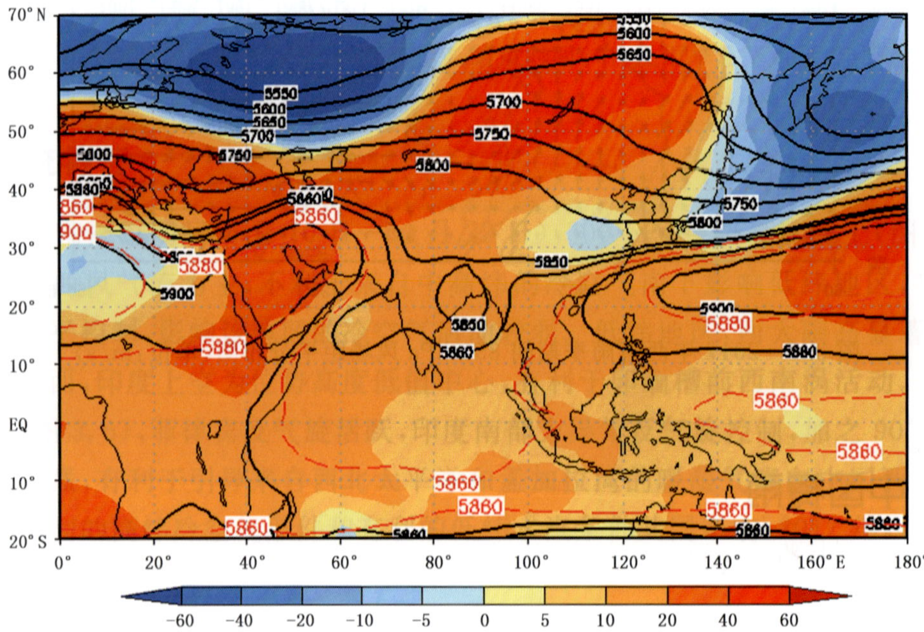

图 3.7 2017 年梅雨期间 500 hPa 高度（等值线）及距平（彩色阴影）分布图（单位：gpm）
（红色虚线表示气候平均的 5860 gpm 和 5880 gpm 等值线，近似代表西太副高气候平均的位置）

3.4 华北雨季

华北雨季是指受东亚夏季风向北推进影响，每年 7 月中下旬至 8 月上中旬华北地区降水最集中的时段。华北雨季降水强度大，时空分布极为不均，可伴随雷电、大风、冰雹等强对流天气；同时，受季风气候影响，华北雨季长度年际变化大，强弱变化显著。

3.4.1 华北雨季总体特征

根据中国气象局预报与网络司要求（气预函〔2014〕117 号），自 2017 年 7 月 1 日起，按照《华北雨季监测业务规定（试行）》进行雨季实时监测。2017 年华北雨季于 7 月 21 日开始，较常年（7 月 18 日）偏晚 3 d，于 8 月 11 日结束，较常年（8 月 18 日）偏早 7 d，雨季长度为

22 d,较常年(32 d)偏短 10 d。2017 年华北雨季总降水量为 97.5 mm,比常年(135.7 mm)偏少 28.2%(图 3.8)。

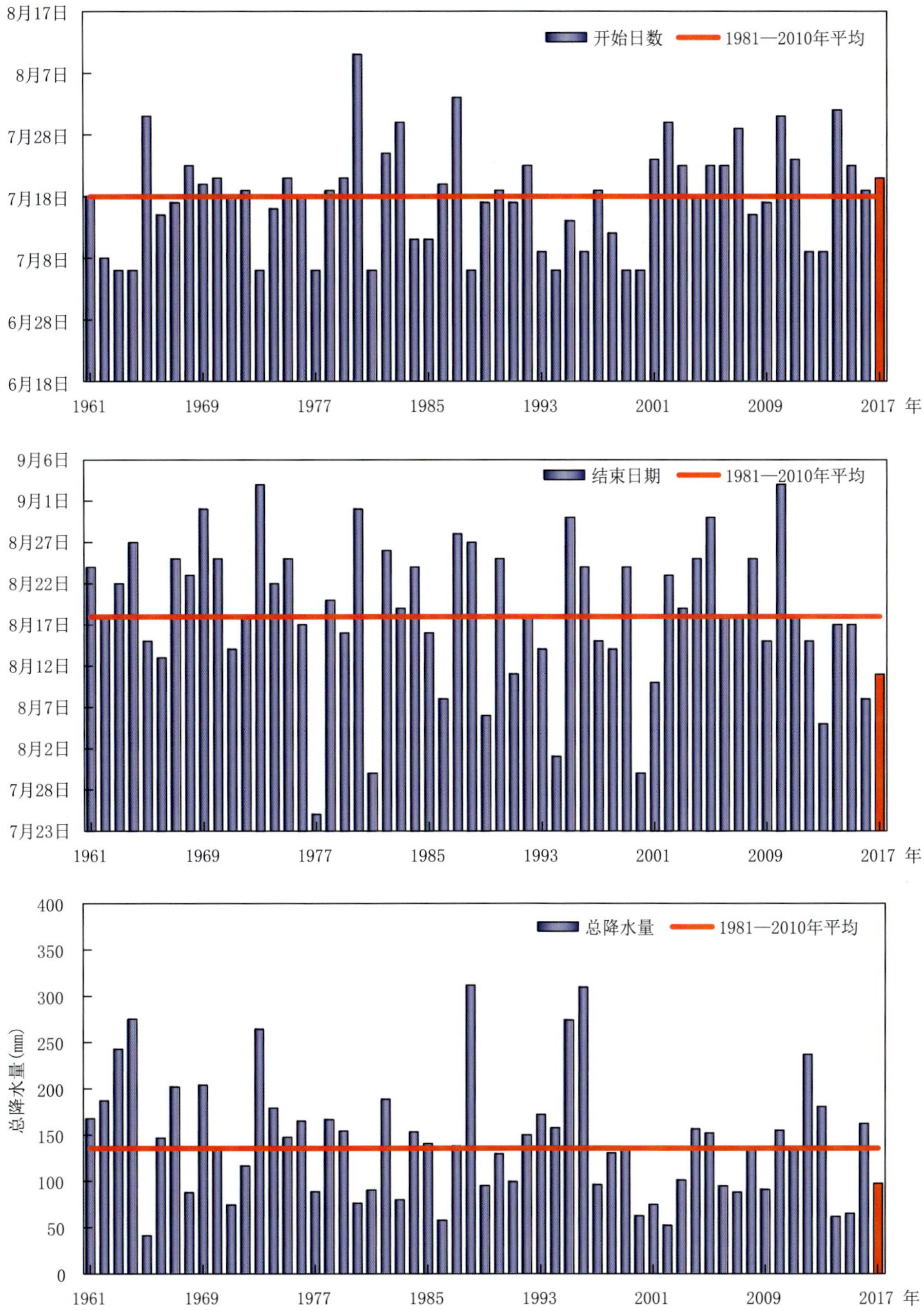

图 3.8 1961—2017 年华北雨季开始时间(上)、结束时间(中)及雨季总降水量(下)历年变化图

3.4.2 环流特征

由 500 hPa 位势高度及距平场来看(图略),2017 年华北雨季期间,副高异常偏西,华北地区处于副高西北边缘,影响华北的西风带环流总体比较平直。华北地区北侧为异常负高

度距平，南侧为正高度距平，有利于热带暖湿气流北上到达华北地区，使得华北地区为水汽辐合区(图略)。从 700 hPa 风场距平来看，华北雨季期间，不论是纬向风还是经向风都呈现较弱的异常特征(图 3.9)。在这样的异常环流配置下，再结合雨季持续时间较常年偏短，2017 年华北雨季降水量较常年偏少。

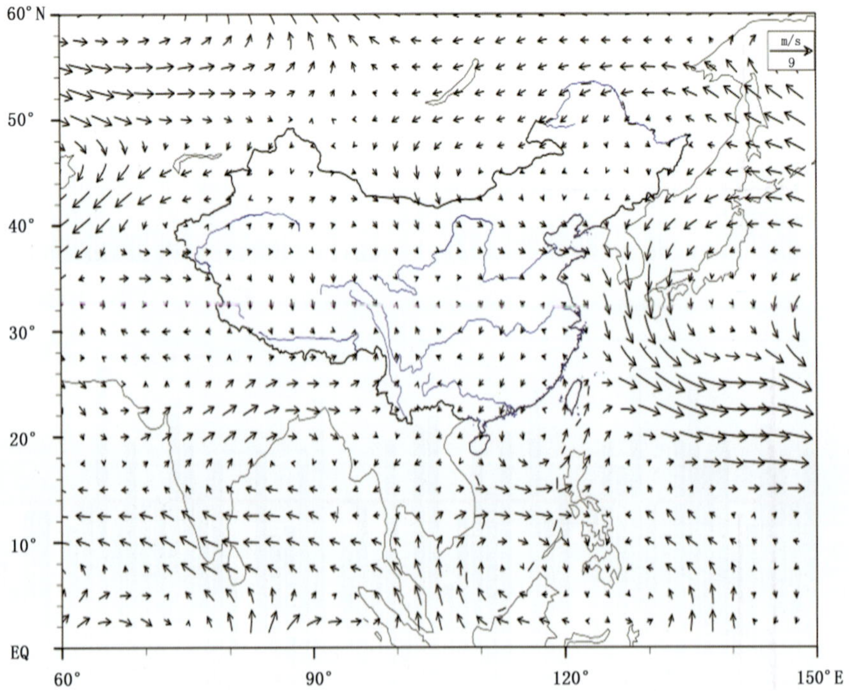

图 3.9　2017 年华北雨季期间 700 hPa 风场距平分布图(单位：m/s)

3.5　华西秋雨

华西秋雨是中国华西地区特有的雨季。它主要出现在四川、重庆、贵州、甘肃东部和南部、陕西关中和陕南、湖南西部、湖北西部一带。华西秋雨以绵绵细雨为主，持续的阴雨寡照，给当地的农业生产和人民生活带来一定的不利影响。华西秋雨的降水量虽然少于夏季，但持续的降水也容易引发秋汛，直接关系到工农业生产和人民生命财产安全。

3.5.1　华西秋雨总体特征

2017 年华西秋雨开始及结束均较常年偏早，持续时间接近常年，但雨量明显偏大。华西秋雨于 8 月 24 日开始，较常年偏早 7 d；10 月 26 日结束，较常年偏早 6 d；平均雨量 301.4 mm，较常年偏多 48.6%(图 3.10)。其中华西北部雨量偏多 71.5%；华西南部雨量偏多 74.7%，居 1961 年以来第 3 位。

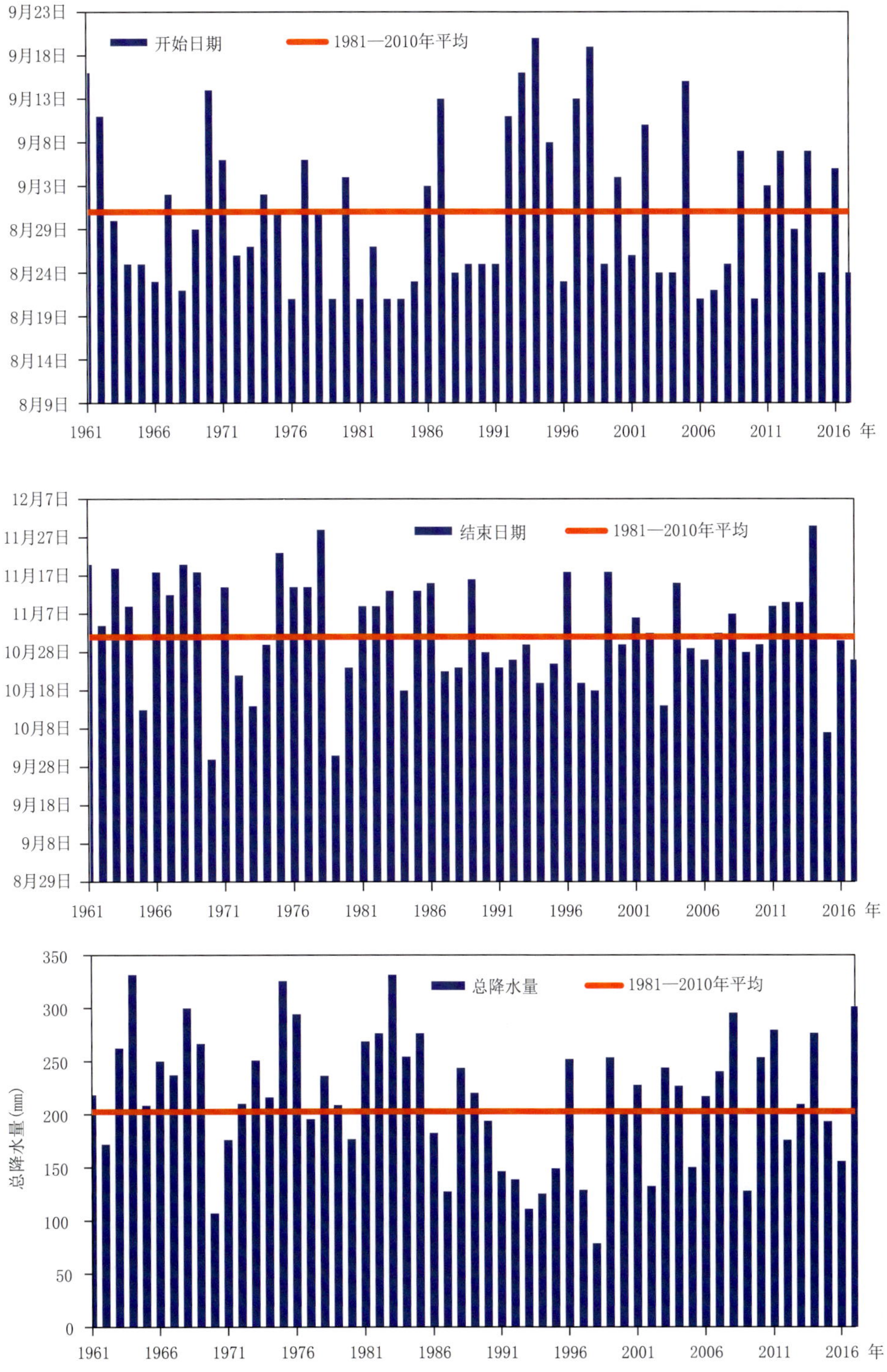

图 3.10 1961—2017 年华西秋雨开始时间(上)、结束时间(中)及总降水量(下)历年变化图

3.5.2 环流特征

2017 年华西秋雨持续期间，东亚地区 500 hPa 高度距平场自高纬至低纬呈“＋－＋”的异常分布特征，极区高度场偏高，有利于冷空气扩散，中纬度从贝加尔湖－巴尔喀什湖地区

为显著的低槽区，低纬度西太平洋副热带高压偏强并异常西伸，脊线位置偏北（图略）；受其影响华西地区对流层低层北风异常显著，冷空气影响较强（图 3.11）；来自中国南海地区的东南暖湿气流与来自孟加拉湾的西南暖湿气流交汇并沿副高西侧输送至华西地区（图略）。

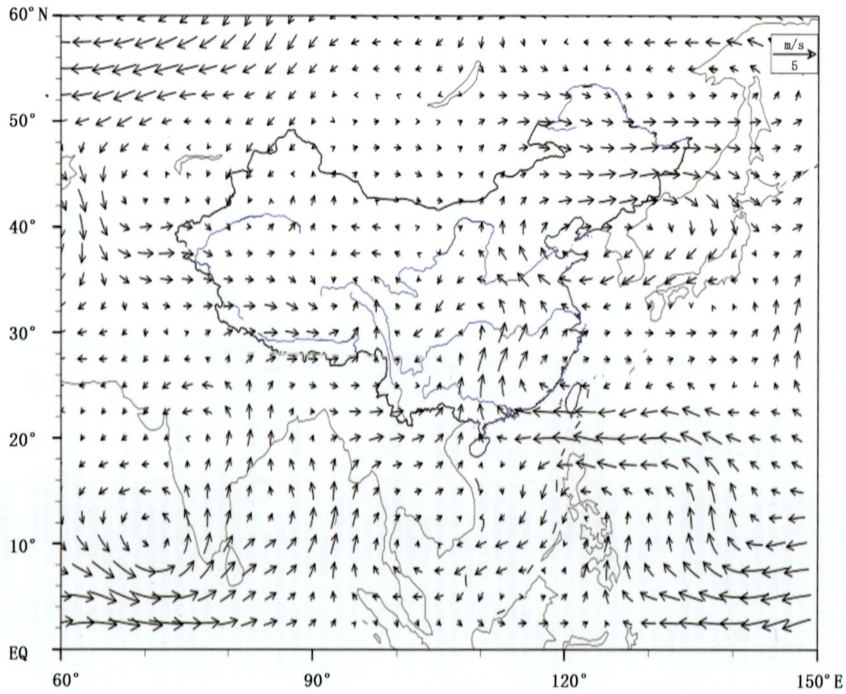

图 3.11　2017 年 8 月 24 日—10 月 26 日 850 hPa 风场距平（单位：m/s）分布图

3.6　中国雨季概况

综合以上分析，2017 年中国雨季概况见表 3.2。

表 3.2　2017 年中国雨季概况信息表

		开始时间—结束时间	总降水量(mm)(距平%)
华南前汛期		2017 年 4 月 20 日—6 月 30 日	617.6(偏少 15.6%)
西南雨季		2017 年 6 月 10 日—10 月 22 日	714.7(偏少 4.1%)
梅雨	江南	2017 年 6 月 4 日—7 月 4 日	491.9 (偏多 34.6%)
	长江中下游	2017 年 6 月 21 日—7 月 4 日	166.4 (偏少 40.8%)
	江淮	2017 年 6 月 30 日—7 月 9 日	116.2 (偏少 56.1%)
华北雨季		2017 年 7 月 21 日—8 月 11 日	97.5(偏少 28.2%)
华西秋雨		2017 年 8 月 24 日—10 月 26 日	301.4(偏多 48.6%)

附录 A 资料和指标说明

A1 资料

全球地面逐月平均气温、降水量资料来自中国国家气象信息中心和美国国家气候资料中心，共 3285 个观测站，多年平均基准期为 1981—2010 年。

中国地面逐月平均气温、降水量资料来自国家气象信息中心，共 2415 个观测站，多年平均基准期为 1981—2010 年。

中国极端事件指标监测使用的逐日资料来自国家气象信息中心，从全国 2415 个气象站中选取时间序列至少有 40 年、分布较为均匀的 2000 个站点，观测要素包括平均气温、最高气温、最低气温及日降水量，多年平均基准期为 1981—2010 年。

大气环流资料来自美国国家环境预测中心(NCEP)，多年平均基准期为 1981—2010 年。

海表温度(SST)实时和历史资料来自美国国家海洋大气局，网格点距为 1°×1°，多年平均基准期为 1981—2010 年(Reynolds et al.，2002)。

2016/2017 年冬季为 2016 年 12 月至 2017 年 2 月。本年鉴中的图表(序列图)，2016/2017 年冬季在横坐标中标为 2017，相应计算 1981—2010 年气候态时，为 1980/1981 年至 2009/2010 年冬季平均。

A2 监测指标说明

A2.1 极端事件监测指标

中国极端事件监测使用历史极值、百分位阈值等方法定义的指标进行监测，具体指标定义方法说明如下。

历史极值：某指标历史序列的极大或极小值，要求该历史序列从建站到统计截止时间至少有 30 a。

极端事件：对某指标的样本序列从小到大进行排位，定义超过该序列的第 95 百分位值为极端多事件，低(少)于第 5 百分位值为极端少事件。样本序列由该指标在多年平均基准期 30 a(1981—2010 年)内每年的极大值和次大值共 60 个样本组成。

极端强降水事件:某日降水量大于日降水量样本序列的第 95 百分位值。

极端高温事件:某日最高气温大于日最高气温样本序列的第 95 百分位值。

极端低温事件:某日最低气温小于日最低气温样本序列的第 5 百分位值,且该日最低气温≤4 ℃(寒潮标准)。

站次比:极端事件次数除以有效观测站数再乘以 100%的数值。

A2.2　北半球中高纬阻塞高压指数

对每个经度,南 500 hPa 高度梯度(GHGS)和北 500 hPa 高度梯度(GHGN)计算如下:

$$\mathrm{GHGS} = \frac{Z(\varphi_0) - Z(\varphi_s)}{\varphi_0 - \varphi_s}$$

$$\mathrm{GHGN} = \frac{Z(\varphi_n) - Z(\varphi_0)}{\varphi_n - \varphi_0}$$

式中,$\varphi_n = 80°\mathrm{N} + \delta$,$\varphi_0 = 60°\mathrm{N} + \delta$,$\varphi_s = 40°\mathrm{N} + \delta$,$\delta = -5°, 0°, 5°$。

对某时某经度任意一个 δ 值,如果条件满足:

(1)GHGS>0

(2)GHGN<−10 gpm/纬度

则诊断为该时该经度有阻塞,阻塞指数为 GHGS。当有两个以上的 δ 值同时满足(1) 和(2)两个条件时,则取 GHGS 值大者为阻塞指数。因为阻高有一段持续的时间,在计算 GHGS 和 GHGN 之前,先对 500 hPa 高度场做 5 d 的滑动平均,把有充分持续时间的阻高分离出来。

阻塞高压的定义和计算方法见参考文献(李威等,2007;Lejenas and Okland,1983;Tibaldi and Molteni,1990)。

A2.3　西北太平洋热带辐合带(ITCZ)强度指数

夏季 120°~150°E,5°~20°N 范围内 OLR 的平均值作为夏季西北太平洋 ITCZ 的强度指数(曹西 等,2013)。

A2.4　马斯克林高压指数

35°~25°S,40°~90°E 范围内的海平面气压(SLP)面积加权平均值。

A2.5　澳大利亚高压指数

35°~25°S,120°~150°E 范围内的海平面气压(SLP)面积加权平均值。

A2.6　越赤道气流

索马里越赤道气流:5°S~5°N,40°~50°E 范围内 850 hPa 经向风的面积加权平均值。

孟加拉湾越赤道气流:5°S~5°N,80°~90°E 范围内 850 hPa 经向风的面积加权平均值。

南海越赤道气流:5°S~5°N,100°~110°E 范围内 850 hPa 经向风的面积加权平均值。

菲律宾越赤道气流：5°S～5°N，120°～130°E范围内850 hPa经向风的面积加权平均值。

A2.7 南亚高压

选取青藏高原及其周围地区(0°～55°N，0°～180°)上空100 hPa东西风零线上位势高度最大处为主高压中心，定义高压中心的位势高度(减去16800 gpm)为强度指数。

A2.8 东亚副热带西风急流指数

选取90°E～180°，10°～60°N范围内200 hPa高度上风速≥30 m/s格点(连续区域)为副热带西风急流区，以急流区内风速与30 m/s的差值为权重，按下式计算急流位置指数：

$$I_{\text{Lon}} = \frac{1}{\sum_{i=1}^{n}(V_i - 30)} \sum_{i=1}^{n} \{(V_i - 30) \times \text{Lon}_i\} \text{，当 } V_i \geqslant 30 \text{ m/s}$$

$$I_{\text{Lat}} = \frac{1}{\sum_{i=1}^{n}(V_i - 30)} \sum_{i=1}^{n} \{(V_i - 30) \times \text{Lat}_i\} \text{，当 } V_i \geqslant 30 \text{ m/s}$$

式中，I_{Lon}、I_{Lat}分别为急流经、纬度位置指数，V为风速，Lon和Lat分别为经度和纬度。

西风急流区累计风速(格点风速与30 m/s的差值)为副热带西风急流强度指数。

A2.9 北极涛动(AO)指数

北半球热带外(20°～90°N)1000 hPa高度异常场(相对1981—2010年平均)经验正交函数分析(EOF)所得的第一模态的时间系数的标准化序列。

A2.10 南海季风监测指标

南海季风监测区选为：10°～20°N，110°～120°E

南海夏季风起止时间的判定指标：以南海季风监测区内平均纬向风和假相当位温为监测指标，同时参考200 hPa、850 hPa和500 hPa位势高度场的演变。监测区内平均纬向风由东风稳定转为西风以及假相当位温稳定地>340 K的时间为南海夏季风爆发时间。

南海夏季风强度逐候变化：以南海季风监测区内平均纬向风逐候变化和同时段气候平均值比较，考察南海夏季风强度的逐候变化。

年南海夏季风强度指数：南海夏季风爆发到结束期间纬向风强度累积值的标准化距平值为当年南海夏季风强度指数(多年平均基准期为1981—2010年)(朱艳峰，2005)。

A2.11 亚洲热带夏季风爆发指标

夏季风爆发与风向的转变、对流活动和强降水的发生是密不可分的，因此，这里综合考虑热力和动力因素，用850 hPa候平均的纬向风>0 m/s同时OLR满足≤230 W/m^2，以及候平均降水>6 mm定义为亚洲热带夏季风爆发的临界值(柳艳菊 等，2007)。

A2.12 东亚副热带夏季风监测指标

采用张庆云等(2003)定义，即：将东亚热带季风槽区(10°～20°N，100°～150°E)与东亚副热带地区(25°～35°N,100°～150°E)6—8月平均的850 hPa风场的纬向风距平差定义为东亚副热带夏季风指数(I_{EASM})：

$$I_{EASM} = U'_{850\,hPa(10°\sim20°N,100°\sim150°E)} - U'_{850\,hPa(25°\sim35°N,100°\sim150°E)}$$

利用该定义计算出逐年的东亚副热带夏季风指数,将东亚副热带夏季风指数≥2 m/s的年份定义为强夏季风年,≤−2 m/s的年份定义为弱夏季风年。

A2.13 东亚冬季风监测指标

取西伯利亚高压强度和东亚冬季风指数(朱艳峰,2008)为冬季风监测指标,其中前者代表冬季风在源地的强弱,后者是适用于描述中国大陆冬季气温变化的东亚冬季风指数。计算方法如下：

西伯利亚高压强度指数:选取西伯利亚高压气候平均位置(40°～60°N,80°～120°E),计算该区域冬季平均海平面气压值,并进行标准化。

东亚冬季风指数:北半球冬季25°～35°N, 80°～120°E区域与50°～60°N, 80°～120°E区域平均500 hPa纬向风距平差的标准化数值。

参考文献

曹西,陈光华,黄荣辉,等, 2013. 夏季西北太平洋热带辐合带的强度变化特征及其对热带气旋的影响[J]. 热带气象学报, 29:198-206.

李威,王启祎,王小玲, 2007. 北半球阻塞高压实时监测诊断业务系统[J]. 气象, 33 (4): 77-81.

柳艳菊,丁一汇, 2007. 亚洲夏季风爆发的基本气候特征分析[J]. 气象学报, 65(4):511-526.

张庆云,陶诗言,陈烈庭, 2003. 东亚夏季风指数的年际变化与东亚大气环流[J]. 气象学报, 64 (4): 559-568.

朱艳峰,2005. 近55年南海夏季风爆发时间的确定及对2005年南海夏季风爆发早晚的预测[J]. 气候预测评论, 11: 62-68.

朱艳峰,2008. 一个适用于描述中国大陆冬季气温变化的东亚冬季风指数[J]. 气象学报, 66(5): 781-788.

LEJENAS H, OKLAND H, 1983. Characteristics of Northern Hemisphere blocking as determined from a long time series of observational data[J]. Tellus, 35A: 350-362.

REYNOLDS R W, RAYNER N, SMITH T M, et al, 2002. An Improved In Situ Satellite SST Analysis for Climate[J]. J Climate, 15: 1609-1625.

TIBALDI S, MOLTENI F, 1990. On the operational predictability of blocking[J]. Tellus, 42A: 343-365.

附录 B 东亚季风系统及其气候特征

B1 东亚季风区

东亚季风区中，南海—西太平洋为热带季风区，冬季盛行东北季风，夏季盛行西南季风。东亚大陆—日本为副热带季风区，冬季 30°N 以北盛行西北季风，以南盛行东北季风；夏季盛行西南季风或东南季风。

B2 东亚冬季风环流系统成员

东亚冬季风系统在对流层低层的主要成员包括：西伯利亚高压、阿留申低压、冬季风（冷涌）和赤道辐合带（ITCZ）。中高层成员为乌拉尔山高压脊（乌山脊）、东亚大槽，副热带西风急流和西太平洋副热带高压（西太副高）（图 B.1）。在冬半年，欧亚大陆为冷高压控制，在东亚沿岸盛行强劲的西北风和东北风，贯穿南下，越过赤道直至南半球。

1）对流层低层。冬季赤道辐合带位于南半球，北半球中高纬度欧亚大陆上空为西伯利亚高压，海洋上空为阿留申低压。二者之间的气压梯度形成西北气流沿着我国东部沿岸南下，受高原大地形影响，在 30°N 以南转为东北风。在南北半球的热带洋面上空则为东南信风带和东北信风带。

2）对流层中高层。中高纬度地区乌拉尔山高压脊和东亚大槽的位置和深浅直接决定着冬季冷空气南下的频次、强度和区域。而西太副高西侧的水汽输送至我国陆地，往往和中高纬度冷空气配合形成雨雪天气。部分年份，孟加拉湾地区的南支槽频繁活动也会造成我国南方低温冻害，如 2008 年年初低温冻害。

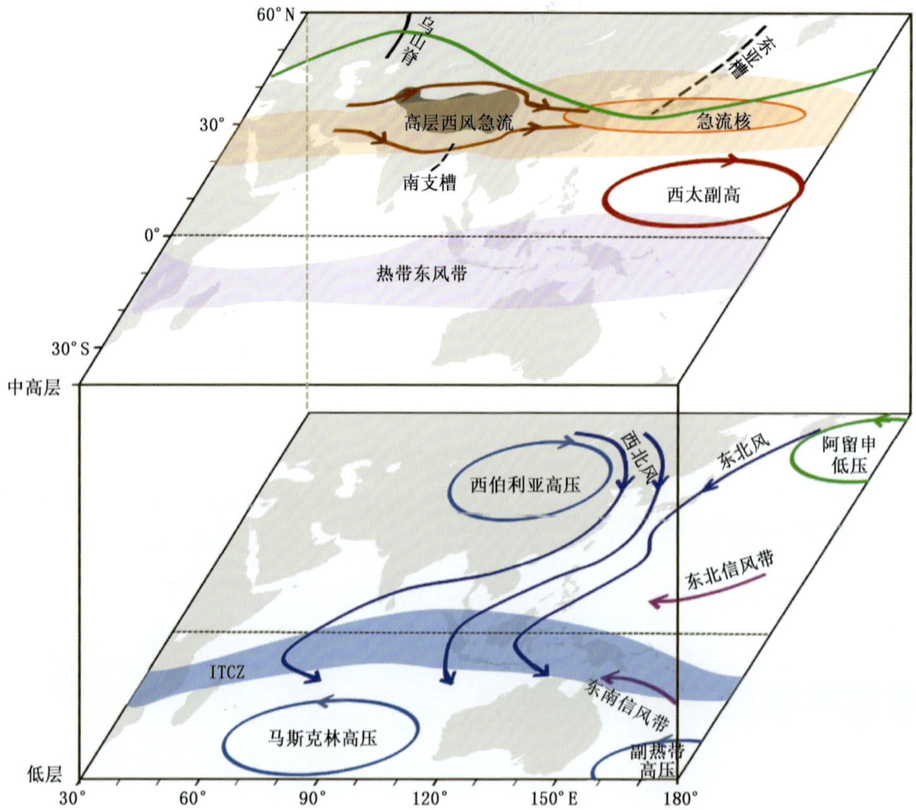

图 B.1　东亚冬季风环流系统成员示意图

B3　东亚夏季风环流系统成员

东亚夏季风的环流系统较冬季风更为复杂，其成员也更多（图 B.2）。

1）对流层低层。夏季风低层成员主要包括南半球副热带地区的马斯克林高压、澳大利亚高压以及北半球热带地区的赤道辐合带、越赤道气流、热带印度洋西风和中纬度地区的梅雨锋。受海陆地形的影响，在赤道辐合带上还分布着印度洋低压、孟加拉湾低压（孟湾低压）、孟加拉湾季风槽（孟湾季风槽）、南海低压（南海季风槽）。由于南半球副热带高压和赤道辐合带之间存在显著的经向气压梯度，从而造成气流自南向北越过赤道，在地形影响下形成数支越赤道气流中心，其中在马斯克林高压和印度洋低压间形成全球最强大的越赤道气流——索马里越赤道气流。索马里越赤道气流受柯氏力影响形成热带印度洋西风和西南季风，从而将热带水汽从阿拉伯海经孟加拉湾和南海输送至我国。而在东亚地区南北两侧的气压梯度形成南海越赤道气流，和西太平洋副热带高压西侧共同形成东南季风和东南水汽输送，并影响台风的活动。

2）对流层中高层。对流层中高层，西太平洋副热带高压较冬季北移，青藏高原和伊朗高原的热力作用造成对流层上层形成异常强大的南亚高压，在南亚高压南侧形成东风急流中心。该急流中心东侧各有一个东风急流分支，北支位于15°N附近，南支位于5°N附近。南亚高压北侧为西风急流。受高原地形影响，西风急流在高原南北两侧存在绕流现象。高纬度地区为阻塞活动，最主要的两个阻高中心分别位于乌拉尔山（乌山）和鄂霍次克海（鄂海）地区。

在对流层高层南支东风急流入口区北侧为高层辐散，对应低层辐和，气流为上升运动，而在入口区南侧的南半球刚好相反，高层辐合低层辐散，气流为下沉运动，这样形成一个低层自南向北、高层自北向南的季风环流圈。

在高原上空由于热力上升，而此时南半球相对冷，形成下沉运动，这样形成另一个高层自北向南、低层自南向北的高原环流圈。

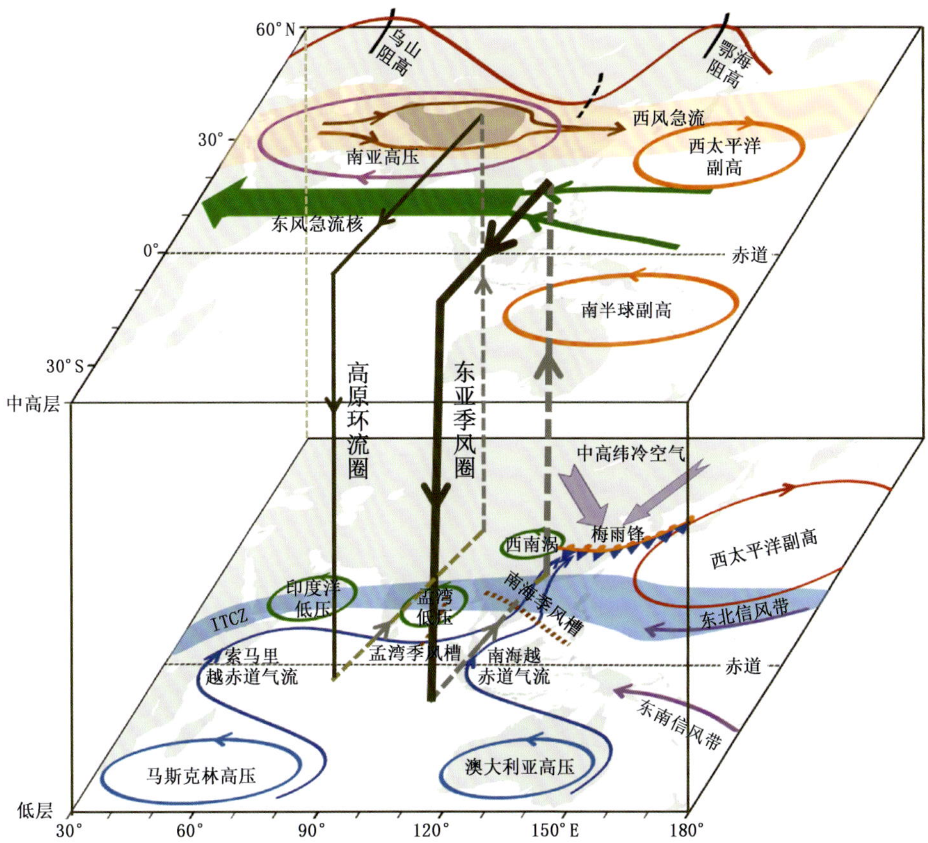

图B.2 东亚夏季风环流系统成员示意图